脉宽调制 DC／DC
全桥变换器的软开关技术
（第二版）

阮新波 著

科学出版社

北京

内 容 简 介

脉宽调制(PWM) DC/DC 全桥变换器适用于中大功率变换场合,为了实现其高效率、高功率密度和高可靠性,有必要研究其软开关技术。本书系统阐述 PWM DC/DC 全桥变换器的软开关技术。系统提出 DC/DC 全桥变换器的一族 PWM 控制方式,并对这些 PWM 控制方式进行分析,指出为了实现 PWM DC/DC 全桥变换器的软开关,必须引入超前桥臂和滞后桥臂的概念,而且超前桥臂只能实现零电压开关(ZVS),滞后桥臂可以实现 ZVS 或零电流开关(ZCS)。根据超前桥臂和滞后桥臂实现软开关的方式,将软开关 PWM DC/DC 全桥变换器归纳为 ZVS 和 ZVZCS 两种类型,并讨论这两类变换器的电路拓扑、控制方式和工作原理。提出消除输出整流二极管反向恢复引起的电压振荡的方法,包括加入箝位二极管与电流互感器和采用输出倍流整流电路方法。介绍 PWM DC/DC 全桥变换器的主要元件,包括输入滤波电容、高频变压器、输出滤波电感和滤波电容的设计,介绍移相控制芯片 UC3875 的使用以及 IGBT 和 MOSFET 的驱动电路,给出一种采用 ZVS PWM DC/DC 全桥变换器的通讯用开关电源的设计实例。

本书是一本理论知识与工程设计相结合的专著,可作为高校电力电子技术专业及相关专业的硕士生、博士生和教师的学习参考书,也可供从事开关电源研究开发的工程技术人员借鉴。

图书在版编目(CIP)数据

脉宽调制 DC/DC 全桥变换器的软开关技术/阮新波著.—2 版.—北京:科学出版社,2012 (2025.4重印)
ISBN 978-7-03-035495-2

Ⅰ.①脉… Ⅱ.①阮… Ⅲ.①脉宽调制-变换器-开关电源 Ⅳ.①TN624

中国版本图书馆 CIP 数据核字(2012)第 209505 号

责任编辑:刘红梅 杨 凯 / 责任制作:董立颖 魏 谨
责任印制:赵 博 / 封面设计:王秋实

科 学 出 版 社 出版
北京东黄城根北街 16 号
邮政编码:100717
http://www.sciencep.com

天津市新科印刷有限公司印刷
科学出版社发行 各地新华书店经销
*
2013 年 1 月第 二 版 开本:787×1092 1/16
2025 年 4 月第十三次印刷 印张:14
字数:257 000
定 价:45.00 元
(如有印装质量问题,我社负责调换)

第二版前言

时光荏苒。1999 年 9 月,我和我的导师严仰光教授撰写的专著《脉宽调制 DC/DC 全桥变换器的软开关技术》在科学出版社出版,到今天,时间已悄然过去了 13 年。该书是基于我的博士学位论文和博士后研究报告整理而成的,出版后受到了国内高校电力电子技术领域的教师和同学的欢迎,也得到了电源研发人员的好评。由于出版时间已久,出版社无法多次重印,很多读者来信或打电话给我们,希望能给他们复印该书。网络上也出现了热心读者扫描后的电子版本,以供下载。所有这些,一方面给了我们很大的鼓励,另一方面也给了我们很大的压力。13 年的时间,相关的技术已有新的发展,我们也在继续脉宽调制 DC/DC 全桥变换器软开关技术方面的研究。因此,我决定将《脉宽调制 DC/DC 全桥变换器的软开关技术》进行修订,以奉献给我们的同行。

这次的修订工作主要体现在以下几个方面:

(1) 对第 1 章进行了修改。保留了原来的 1.1 节;原来的 1.2 节是阐述全桥逆变器的不同控制方法及其特点,由于全桥逆变器与 DC/DC 全桥变换器有一定的区别,这次为了突出重点,删去了这部分内容;对原来的 1.3 节(现为 1.4 节)进行了适当修改,进一步突出 DC/DC 全桥变换器的基本工作原理。增加了 1.2 节隔离型 Buck 类变换器、1.3 节输出整流方式。1.2 节基于 Buck 变换器推导了各种隔离型 Buck 类变换器,包括正激变换器(含单管和双管)、推挽变换器、半桥变换器、全桥变换器,其目的是揭示这些隔离型 Buck 类变换器之间的相互关系。1.3 节基于半波整流电路推导了全波整流电路、全桥整流电路和倍流整流电路,以揭示这三种整流电路之间的相互关系。1.4 节介绍了不同控制方式下倍流整流电路的全桥变换器的工作原理。

(2) 对第 4 章进行了修改。对 4.6 节的参数设计进行了简化,以便用于工程设计。对 4.9 节进行了更新,补充了近年来国内外在加辅助网络帮助开关管实现零电压开关的 PWM 全桥变换器方面的相关研究成果。

(3) 增加了 3 章新的内容,即第 6 章~第 8 章。第 6 章针对输出整流二极管反向恢复引起的电压振荡,在零电压开关 PWM 全桥变换器中增加两只箝位二极管,有效消除了输出整流二极管上的电压振荡。第 7 章在第 6 章的基础上,介绍利用电流互感器使箝位二极管电流快速复位的零电压开关 PWM 全桥变换器,以提高变换器的效率和可靠性。第 8 章介绍零电压开关 PWM 倍流整流全桥变换器,它不仅可以在宽负载范围内实现零电压开关,而且可以避免输出整流二极管的反向恢复。

(4) 对原书的第 7 章(现为第 10 章)进行了适当修改,更新了实验结果。

(5) 删去了原书的第 8 章,将其部分内容整合到本书的第 4 章和第 6 章中。

（6）原书第 2 章、第 3 章、第 5 章保留，第 6 章调整为第 9 章。

（7）对所有的电路图和波形进行了重新绘制，以便于读者阅读。

本书新增加的内容是基于近年来我和我的博士生的研究成果撰写的，这些学生是：王建冈、刘福鑫、陈武、陈乾宏。他（她）们的努力付出丰富了本书的内容。我的学生张欣和李亚龙制作了新的原理样机，更新了第 10 章的实验结果。在此，衷心感谢我的学生们！

南京航空航天大学丁道宏教授和严仰光教授在百忙之中详细认真审阅了全部书稿，提出了许多宝贵建议，华中科技大学王学华博士认真校阅了全部书稿，在此一并表示衷心的感谢！

本书的出版得到了科学出版社的大力支持，科学出版社的刘红梅女士和杨凯先生为本书的出版做了大量工作，特此致谢！

作　者

2012 年 8 月

第一版前言

电力电子技术近年来发展迅猛,随着通讯技术和电力系统的发展,对通讯用开关电源和电力操作电源的性能、重量、体积、效率和可靠性提出了更高的要求。为了满足这些要求,软开关技术应运而生,许多学者先后提出了谐振变换器(Resonant Converter)、准谐振变换器(Quasi-Resonant Converter)和多谐振变换器(Multi-Resonant Converter),它们实现了开关管的零电压开关(Zero-Voltage-Switching,ZVS)或零电流开关(Zero-Current-Switching,ZCS),减小了开关损耗,提高了变换器的变换效率,开关频率大大提高,减小了体积和重量。但是这些变换器的电流和/或电压应力较大,而且要采用频率调制(Frequency Modulation),不利于优化设计滤波器。为了保留谐振变换器的优点,实现开关管的软开关,同时采用 PWM 控制方式,实现恒定频率调节,利于优化设计滤波器,20 世纪 90 年代出现了零转换变换器(Zero-Transition Converter)。所谓零转换变换器,就是只是在开关管开关过程中变换器工作在谐振状态,实现开关管的零电压开关或零电流开关,其他时间均工作在 PWM 控制方式下。

由于单管构成的变换器,如 Buck、Boost、Cuk、Forward、Flyback 等一般适用于中小功率的应用场合,而全桥变换器则适用于中大功率应用场合,特别是通讯用开关电源和电力操作电源,因此研究其软开关技术具有十分重要的意义。

本书作者阮新波于 1993 年攻读博士学位开始到 1998 年博士后出站,一直师从导师严仰光教授,不间断地研究 PWM DC/DC 全桥变换器的软开关技术,历时近六年。在这段时间,我们与国内许多电源专业厂商和研究机构有过十分愉快的合作和交流。在作者获得博士学位后,博士论文《移相控制零电压开关 PWM 变换器的研究》受到许多同行的关注,他们多次鼓励作者,希望我们以博士论文为蓝本,将我们的研究内容整理出版,奉献给从事电源技术研究的同行们。我们诚惶诚恐,一直不敢这样做,主要是我们的研究还比较肤浅,惟恐辜负大家的期望。1998 年 6 月,作者完成《PWM DC/DC 全桥变换器的软开关技术研究》博士后研究报告,再次受到鼓励。几经考虑,作者斗胆将这两篇论文重新整理成书,奉献同行,希望没有让大家失望。我们也希望电力电子和电源界的各位前辈和同行批评指正,提出宝贵意见和建议。

本书共分 8 章,第 1 章介绍电力电子变换器的基本类型和 PWM DC/DC 全桥变换器的基本工作原理。第 2 章系统地提出 PWM DC/DC 全桥变换器的 9 种控制方式,归纳出两类开关切换方式,引入超前桥臂和滞后桥臂的概念,提出超前桥臂和滞后桥臂实现软开关的原则及策略,将 PWM DC/DC 全桥变换器归纳为 ZVS PWM DC/DC 全桥变换器和 ZVZCS PWM DC/DC 全桥变换器两种类型。第 3 章和第 4

章讨论 ZVS PWM DC/DC 全桥变换器的电路结构、控制方式和工作原理。第 5 章讨论 ZVZCS PWM DC/DC 全桥变换器的电路结构、控制方式和工作原理。第 6 章讨论 PWM DC/DC 全桥变换器的主要元件，包括输入滤波电容、高频变压器、输出滤波电感和滤波电容的设计，介绍目前常用的移相控制芯片 UC3875 的使用，同时提出一种适用于 IGBT 和 MOSFET 的驱动电路。第 7 章讨论一种采用 ZVS PWM DC/DC 全桥变换器的通讯用开关电源的设计实例。第 8 章介绍软开关 PWM DC/DC 全桥变换器的其他一些电路拓扑。

本书第 1 章由严仰光教授执笔，其他各章由阮新波博士执笔。

清华大学蔡宣三教授和南京航空航天大学丁道宏教授在百忙之中详细认真审阅了全部书稿，提出了许多宝贵建议，南京航空航天大学甘鸿坚博士认真校阅了全部书稿，在此一并表示衷心的感谢。

本书的出版得到了中国电源学会秘书长倪本来先生和科学出版社的大力支持，科学出版社 6 室的张建荣老师和汤秀娟老师为本书的出版做了大量工作，深圳驰源实业有限公司为本书的出版提供了经济资助，特此致谢。

作 者

1999 年 2 月于南京航空航天大学

目　录

第 1 章
全桥变换器的基本结构及工作原理

1.1 概　述

1.1.1 电力电子技术的发展方向

　　高频电力电子技术是电力电子学的一个重要发展方向,是使电力电子变换器更好地实现基本要求诸多方面的重要技术途径。开关器件和元件(磁芯和电容)的高频化是高频电力电子学的基础,功率场效应晶体管(MOSFET)和绝缘栅双极性晶体管(IGBT)已成为现代高频电力电子学的主要开关器件,低栅荷、低结电容的场效应晶体管,进一步促进了高频电力电子技术的发展。近年来,SiC 器件,包括 SiC 二极管[1]、SiC MOSFET 和 SiC IGBT[2],已取得较大进展,并已形成商用产品,在中等功率场合已有取代硅基快恢复二极管和 MOSFET 的趋势。为了进一步提高开关频率,GaN 器件已开始引起人们的注意。非晶、微晶磁芯和高频铁氧体最近也取得了重要的进展。电力电子变换器电路拓扑的发展,是高频电力电子学的另一个重要方面,谐振变换器(Resonant Converter)[3,4]、准谐振变换器(Quasi-Resonant Converter)[5]和多谐振变换器(Multi-Resonant Converter)技术[5,6],零电压开关(Zero-Voltage-Switching,ZVS)脉宽调制(Pulse-Width Modulation,PWM)[7]和零电流开关(Zero-Current-Switching, ZCS) PWM 技术[8],零电压转换(Zero-Voltage-Transition,ZVT)[9]和零电流转换(Zero-Current-Transition,ZCT)技术[10],以及谐振直流环节逆变器(Resonant DC Link Inverter,RDCLI)技术[11]等部分或全部实现了变换器中开关器件的 ZVS 或 ZCS,大大降低了开关器件的开关损耗,由此可以使功率器件的开关频率提高一个数量级,甚至更多。电力电子变换器的高频化是和小型化、模块化紧密相关的,而这又与变换器的高效率及结构的高绝缘性能和高导热性能联系在一起。因而高频电力电子技术是随高频开关器件和元件、ZVS 或 ZCS 电路拓扑和装置的结构、材料与工艺的发展而发展的。

1.1.2 电力电子变换器的分类与要求

　　电力电子变换器是应用电力电子器件将一种电能变换为另一种或多种形式电能

的装置。按变换电流的种类,电力电子变换器可分为四种类型[12]:①DC/DC 变换器,它是将一种直流电变换成另一种或多种直流电,一般简称直流变换器;②DC/AC 逆变器,它是将直流电变换为交流电,一般简称逆变器;③AC/DC 变换器,它是将交流电变换为直流电,又称整流器;④AC/AC 变换器,它是将一种频率的交流电直接变换成另一种或可变频率的交流电,或将频率变化的交流电直接变换为恒定频率交流电,又称交交变频器。这四类变换器可为单向或双向电能变换器,单向变换器的电能只能从一个方向向另一个方向流动,而双向电能变换器中能量可双向流动。

对电力电子变换器最基本的要求是电气性能好,必须满足相关的技术指标或技术规范要求。在满足电气性能好的情况下,电力电子变换器应满足"三高一低"的要求,即效率高、功率密度高、可靠性高、成本低。效率高不仅可以节约电能,还可以降低散热要求,减小散热器的尺寸和重量。功率密度高,是指在输出相同功率时,电力电子变换器的体积要小,这在航空航天应用场合尤为重要。可靠性高,就是要求电力电子变换器能适应各种恶劣工作条件,有足够长的平均故障间隔时间。成本低,就是要求降低电力电子变换器的研制、开发、生产、试验和使用维修费用,提高其市场竞争力。除此之外,还要求电力电子变换器具有易维修性,即减少对维修人员的技术要求和维修时间短。

1.1.3　直流变换器的分类与特点

直流变换器是电力电子变换器的一个重要部分。随着电力电子技术、计算机科学与技术和信息技术的发展,以直流变换器为核心的开关电源应用越来越广,一直得到各国电力电子专家和学者的重视,是目前电源产业的重要方向之一。

按照输入输出是否具有电气隔离功能,直流变换器可分非隔离型和隔离型两类。最基本的非隔离型直流变换器有六种,即降压式(Buck)、升压式(Boost)、升降压式(Buck-Boost)、库克(Cuk)、瑞泰(Zeta)和赛皮克(SEPIC)等。另外还有双管升降压式变换器(Dual-Switch Buck-Boost)、全桥变换器(Full-Bridge)等。

隔离型直流变换器可以看成由非隔离型直流变换器加入变压器及相关整流电路推导而来。隔离型 Buck 类直流变换器包括正激(Forward)、推挽(Push-Pull)、半桥(Half-Bridge)和全桥变换器,其中正激变换器包括单管正激变换器和双管正激变换器(Dual-Switch Forward)。隔离型 Boost 类直流变换器包括推挽、半桥和全桥变换器。隔离型 Buck-Boost 类直流变换器即反激变换器(Flyback),它包括单管反激变换器和双管反激变换器(Dual-Switch Flyback)。库克(Cuk)、瑞泰(Zeta)和赛皮克(SEPIC)等变换器也有相应的隔离型电路。

功率开关管的电压和电流定额相同时,变换器的输出功率通常与所用功率开关管数成正比,故双管隔离型直流变换器(如双管正激、推挽、半桥)的输出功率为单管

(如单管正激)的 2 倍,为全桥变换器(有 4 只开关管)的一半。故全桥变换器是直流变换器中功率最大的,在高输入电压和中大功率场合得到广泛应用。

谐振式、准谐振和多谐振技术是不需外加功率开关管实现变换器功率开关管的 ZVS 或 ZCS 的技术,但是这类软开关技术不同于 PWM 技术,有器件应力高、循环能量大和变频控制等缺点。ZVS-PWM 和 ZCS-PWM 技术实现了恒频控制,但是主开关管和辅助开关管的开关应力依然很大,ZVT 或 ZCT 技术具有恒频控制的特点,但需要外加辅助功率器件,且该器件仅用于实现主功率器件的零电压转换或零电流转换,不能增加变换器的有功输出。在直流变换器中,双管和四管变换器可以利用多个主功率器件自身来实现 ZVT 或 ZCT,同时可输出大的功率,这是多管隔离型直流变换器得到广泛应用的重要原因,也是本书的出发点,即本书以隔离型 Buck 类全桥变换器为对象,系统阐述其软开关技术。为简单起见,以下将隔离型 Buck 类全桥变换器简称为全桥变换器。

1.2 隔离型 Buck 类变换器

为了帮助读者深入理解各种隔离型 Buck 类变换器的基本特点及其相互关系,本节首先给出单管正激变换器的推导过程,在此基础上,推导出双管正激变换器、推挽变换器、半桥变换器和全桥变换器。

1.2.1 正激变换器

1. 单管正激变换器的推导

Buck 变换器是直流变换器中最基本的电路拓扑,如图 1.1(a)所示,其中 V_{in} 为输入电压,Q 为开关管,D_{FW} 为续流二极管,L_f 和 C_f 分别为输出滤波电感和输出滤波电容。为了实现输入和输出的电气隔离,可以在开关管 Q 和续流二极管 D_{FW} 之间插入一个变压器 Tr,如图 1.1(b)所示。变压器 Tr 的原边和副边绕组的匝数分别为 N_p 和 N_s,原副边匝比 $K = N_p/N_s$。当 Q 导通时,输入电压 V_{in} 加在变压器原边绕组上,变压器被磁化,其励磁磁通 ϕ_m 线性增加。当 Q 截止时,滤波电感电流经 D_{FW} 续流,变压器副边绕组被短路,其两端电压为零,相应地,原边绕组电压也为零,这样变压器的励磁磁通 ϕ_m 保持不变。因此,在一个开关周期内,变压器的励磁磁通是增大的,如果这样持续下去,励磁磁通将会一直增大,直到变压器饱和,这会导致功率器件过流损坏。图 1.2(a)给出了变压器原边电压 v_p 和励磁磁通 ϕ_m 的波形。

为了防止变压器饱和,必须在每个开关周期结束之前使变压器的磁通减小到零,即使变压器磁复位。为此,需要加入一个磁复位电路,它在 Q 截止时,让变压器原边绕组上得到一个负的电压,如图 1.2(b)中的阴影部分所示。但此时变压器的副边电压也为负,使续流二极管 D_{FW} 导通,从而造成变压器副边绕组短路。为了避免这个问题,可以在副边绕组中串入一只二极管 D_R,如图 1.1(c)所示。如果磁复位电路由复位绕组 N_r 和复位二极管 D_r 构成,并且将图 1.1(c)中的开关管 Q 与变压器原边绕组交换位置,即可得到最基本的单管正激变换器,如图 1.1(d)所示。在实际应用时,一般让复位绕组和原边绕组的匝数相等,则开关管电压应力为 $2V_{in}$,而开关管的最大占空比为 0.5,以保证变压器可靠磁复位。

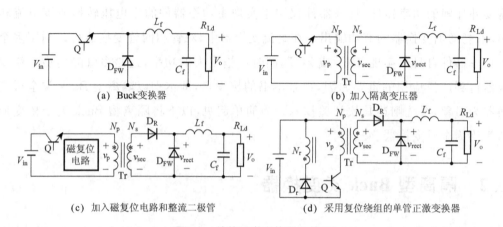

图 1.1 单管正激变换器的推导

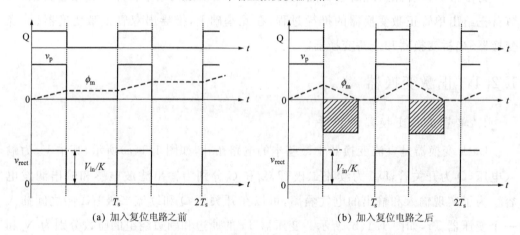

图 1.2 加入复位电路前后变压器原边电压和励磁磁通波形

2. 双管正激变换器的推导

由于单管正激变换器的开关管的电压应力是输入电压的 2 倍,因此它比较适用于输入电压较低的变换场合,当输入电压较高时,可能难以获得电压定额合适的功率器件。比如,输入为单相 220V ±20％ 的交流电压,采用功率因数校正(Power Factor Correction,PFC)变换器时,其整流滤波后的直流电压将达到 380V,这样开关管的电压应力为 760V,这时必须采用电压定额为 1000V 以上的功率管。这一功率等级的 MOSFET 的高频性能较差,导通电阻 $R_{ds(on)}$ 也较大。当然,开关管也可以选用 IGBT,但 IGBT 存在电流拖尾,其开关频率不能太高,否则关断损耗较大,变换效率较低。

为了充分利用现有的功率器件,需要降低开关管的电压应力。前面已指出,当复位绕组与原边绕组的匝数相等时,开关管的电压应力为 $2V_{in}$。为了降低开关管的电压应力,将图 1.1(d) 所示的单管正激变换器的开关管 Q 用两只相同的开关管 Q_1 和 Q_2 代替,如图 1.3(a) 所示。将 Q_1 和变压器的原边绕组交换位置,如图 1.3(b) 所示。为了确保 Q_1 和 Q_2 的电压应力均为 V_{in},分别在 A 点与电源负之间和 B 点与电源正之间引入二极管 D_2 和 D_1,如图 1.3(c) 所示。当 Q_1 和 Q_2 同时关断时,变压器通过复位绕组 N_r 复位,此时原边绕组上感应的电压为 V_{in},极性为上负下正。实际上,变压器也可以通过原边绕组、D_1 和 D_2 进行磁复位。也就是说,变压器有两条磁复位通路,这样复位绕组 N_r 和复位二极管 D_r 可以省去。将图 1.3(c) 中的电路重新整理,可得图 1.3(d) 所示的电路,这就是我们熟知的双管正激变换器,其开关管电压应力为 V_{in},是单管正激变换器开关管的一半。电路中的 D_1 和 D_2 是复位二极管。如果变压器的原边绕组存在漏感,当两只开关管关断时,漏感的能量也将通过 D_1 和 D_2 回馈到输入电源中。

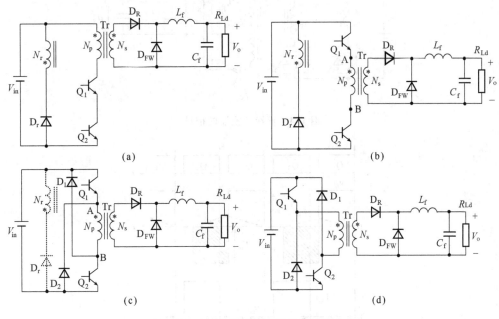

图 1.3 双管正激变换器的推导

1.2.2 推挽变换器

当复位绕组和原边绕组的匝数相等时,为了保证变压器可靠磁复位,单管正激变换器开关管的占空比必须小于 0.5。为了获得所需的输出电压,整流后的电压幅值必须大于 2 倍的输出电压,这样整流后的电压所含的高频交流分量较大,因此所需滤波电感较大。为了减小整流后的电压幅值和滤波电感,可以采用两个单管正激变换器并联,共用续流二极管和输出滤波器,如图 1.4(a) 所示,这里要求这两个单管正激变换器交错工作，即开关管 Q_1 和 Q_2 的开关频率相同，其驱动信号相差半个开关周期，即 $T_s/2$，如图 1.5 所示。

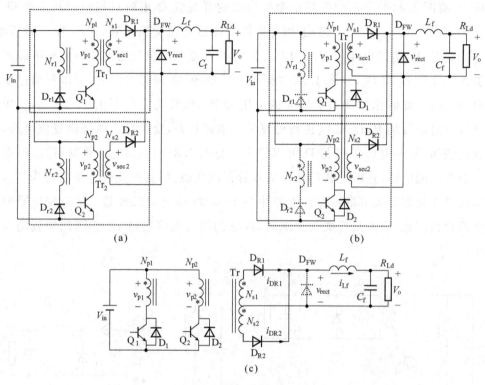

(a)   (b)

(c)

图 1.4　推挽变换器的推导

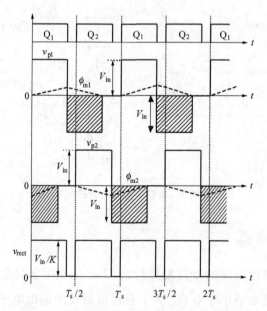

图 1.5　交错并联的两个正激变换器的主要波形

观察图 1.4(a)，如果两个变压器共用一副磁芯，并且给 Q_2 反并联一只二极管 D_2，则当 Q_1 关断时，可以用原边绕组 N_{p2} 和 D_2 给变压器进行磁复位；类似地，如果给

Q_1 反并联一只二极管 D_1，则当 Q_2 关断时，可以用原边绕组 N_{p1} 和 D_1 给变压器进行磁复位。由此可以将两个磁复位电路省去，如图 1.4(b) 所示。图 1.4(b) 的电路重新整理后如图 1.4(c) 所示，这就是推挽变换器。

值得说明的是，变压器共用一副磁芯后，当 Q_1 关断时，变压器不能立即由 N_{p2} 和 D_2 磁复位，这是因为此时滤波电感电流流过续流二极管 D_{FW}，将 N_{p2} 的电压箝在零位。只有当 Q_2 导通后，变压器才能反向磁化。推挽变换器的主要波形如图 1.6 所示。当 Q_1 导通时，变压器正向磁化；当 Q_2 导通时，变压器反向磁化；当 Q_1 和 Q_2 均关断时，变压器的磁通保持不变。对于采用复位绕组的正激变换器和

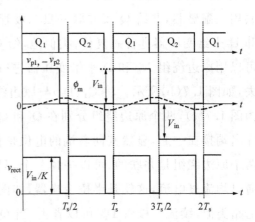

图 1.6　推挽变换器的主要波形

双管正激变换器而言，其变压器的励磁电流只能为正，在复位电路使其减小到零后，它无法反方向流动，因此正激变换器是单向磁化的。而推挽变换器的变压器的励磁电流是既可以为正也可以为负，因此该变压器为双向磁化，这样在相同的功率和开关频率条件下，推挽变换器的变压器的体积比正激变换器的要小一些。

与单管正激变换器一样，推挽变换器的两只开关管的电压应力均为 $2V_{in}$。由于推挽变换器相当于两个单管正激变换器交错并联，其变压器副边整流后的电压 v_{rect} 的脉动频率为开关频率的 2 倍，而且其等效占空比可以大于 0.5，最大可为 1，如图 1.6所示。如果输入输出电压均相等，那么推挽变换器的 v_{rect} 的幅值只需正激变换器的一半，因此其变压器原副边匝比可以提高 1 倍。

在图 1.4(c) 中，当两只开关管均关断时，滤波电感电流既可以经过 D_{FW} 续流，又可以经过两只整流二极管 D_{R1} 和 D_{R2} 流过两个副边绕组续流，这样 D_{FW} 是冗余的，可以省去。当 D_{FW} 省去后，可以得到

$$i_{DR1} + i_{DR2} = i_{Lf} \tag{1.1}$$

假设变压器为理想的，其励磁电流为零，那么有

$$i_{DR1} - i_{DR2} = 0 \tag{1.2}$$

由式(1.1)和式(1.2)可得

$$i_{DR1} = i_{DR2} = i_{Lf}/2 \tag{1.3}$$

上式表明，省去 D_{FW} 后，当 Q_1 和 Q_2 均关断时，滤波电感电流流过 D_{R1} 和 D_{R2}，且 D_{R1} 和 D_{R2} 均分滤波电感电流。

1.2.3　半桥变换器

如果将两个单管正激变换器在输入侧串联，在变压器副边整流后并联，共用续

流二极管和输出滤波器,则可以得到如图 1.7(a)所示的电路。图中,C_{d1} 和 C_{d2} 为两只输入分压电容,其容量相等且较大,它们均分输入电压,其电压均为 $V_{in}/2$。开关管 Q_1 和 Q_2 的开关频率相同,其驱动信号相差半个开关周期 $T_s/2$。将两个变压器共用一副磁芯,并给 Q_2 反并联一只二极管 D_2,则当 Q_1 关断时,可以用原边绕组 N_{p2} 和 D_2 来给变压器进行磁复位;类似地,给 Q_1 反并联一只二极管 D_1,则当 Q_2 关断时,可以用原边绕组 N_{p1} 和 D_1 来给变压器进行磁复位。由此可以将两个磁复位电路省去,如图 1.7(b)所示。将 $Q_1(D_1)$ 与原边绕组 N_{p1} 交换位置,则图 1.7(b)可以重画为图 1.7(c),两个原边绕组分别在 Q_1 和 Q_2 导通时流过电流。由于两个原边绕组的异名端接在一起,显然其同名端的电位是相等的,因此可以将其连接起来。那么这两个原边绕组是并联的,可以去掉一个,只保留一个原边绕组,它在 Q_1 和 Q_2 分别导通时均流过电流,这就是半桥变换器,如图 1.7(d)所示。与推挽变换器的输出整流电路类似,续流二极管 D_{FW} 可以省去,当 Q_1 和 Q_2 同时关断时,滤波电感电流流过两只输出整流二极管 D_{R1} 和 D_{R2},且 D_{R1} 和 D_{R2} 均分滤波电感电流。

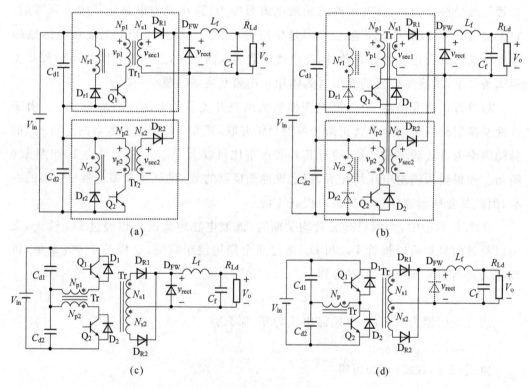

图 1.7　半桥变换器的推导

由于半桥变换器相当于两个单管正激变换器在输入侧串联,因此每个单管正激变换器的输入侧电压只有输入电压的一半,因此变压器原边电压的幅值为输入电压的一半,即 $V_{in}/2$,只有推挽变换器的一半。半桥变换器的主要波形与图 1.6 相同,只需将其中的 V_{in} 换为 $V_{in}/2$。与推挽变换器类似,半桥变换器的变压器也是双向磁化的。

单管正激变换器开关管的电压应力为其输入电压的 2 倍,那么半桥变换器开关管的电压应力为 $2 \cdot V_{in}/2 = V_{in}$。实际上,从图 1.7(d) 中也可以直接看出,当任意一只开关管导通时,加在另一只开关管上的电压为 V_{in}。

1.2.4　全桥变换器

1.2.1 节已推导了双管正激变换器,为了阐述方便,这里再次给出,如图 1.8(a) 所示。该变换器还有另一种结构,如图 1.8(b) 所示,当两只开关管同时导通时,变压器被反向磁化;当两只开关管同时关断时,变压器通过二极管 D_1 和 D_4 进行磁复位。将图 1.8(a) 和 (b) 所示的这两个变换器在输入侧并联,在变压器副边整流后并联,如图 1.8(c) 所示。这里要求开关管 $Q_1(Q_4)$ 和 $Q_2(Q_3)$ 的开关频率相同,且其驱动信号相差半个开关周期 $T_s/2$。将两个变压器共用一副磁芯,并给 Q_2 和 Q_3 分别反并联一

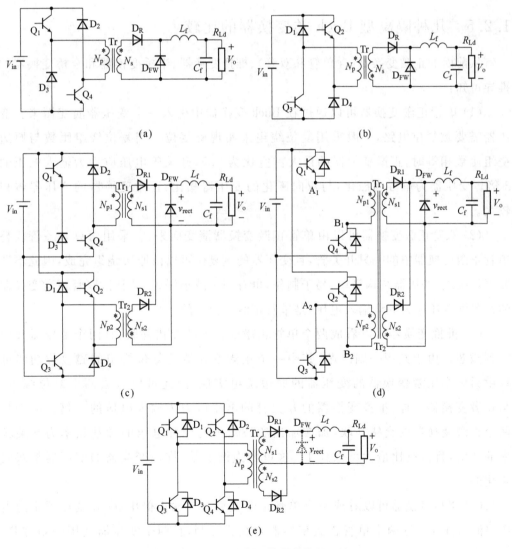

图 1.8　全桥变换器的推导

只二极管,则可以用原边绕组 N_{p2} 和 Q_2 与 Q_3 的反并二极管对变压器进行磁复位,这样上面变换器的复位二极管 D_2 和 D_3 可以省去;同理,给 Q_1 和 Q_4 分别反并联一只二极管,则可以用原边绕组 N_{p1} 和 Q_1 与 Q_4 的反并二极管对变压器进行磁复位,这样下面变换器的复位二极管 D_1 和 D_4 可以省去,如图 1.8(d)所示。由于两个原边绕组的电压波形完全一样,因此可以将 A_1 和 A_2 两点、B_1 和 B_2 两点分别连接起来,这样两个原边绕组是并联的,由此可以省去一个,如图 1.8(e)所示,这就是全桥变换器。类似地,续流二极管 D_{Fw} 也可以省去。为了阐述方便,将四只开关管 $Q_1 \sim Q_4$ 的反并二极管分别编号为 $D_1 \sim D_4$。

全桥变换器的变压器也是双向磁化的,其原边绕组上的交流电压的幅值为输入电压 V_{in},与推挽变换器的相同,是半桥变换器的 2 倍。开关管的电压应力与双管正激变换器的一样,也为 V_{in}。

1.2.5　几种隔离型 Buck 类变换器的比较

从前面的正激变换器(含单管和双管)、推挽变换器、半桥变换器和全桥变换器的推导可知:

(1) 单管正激变换器可以通过在 Buck 变换器中引入一个变压器演变而来。变压器需要磁复位电路,一般采用复位绕组来实现磁复位。当复位绕组匝数与原边绕组匝数相等时,正激变换器的最大占空比为 0.5,开关管电压应力为输入电压的 2 倍。变压器为单方向磁化,与双向磁化的变压器相比,正激变换器的变压器体积较大。

(2) 双管正激变换器可以由单管正激变换器演变而来,它采用两只开关管代替单管正激变换器中的一只开关管,且变压器的磁复位可以由原边绕组完成,因此不需要复位绕组,变压器结构简单,易于制作,也有利于减小漏感。同时,双管正激变换器的开关管电压应力等于输入电压,是单管正激变换器的一半。

(3) 推挽变换器可以看成两个单管正激变换器的交错并联,且两个变压器共用一副磁芯。由于共用一副磁芯,其中一个正激变换器的复位绕组的磁复位功能可以由另一个正激变换器的变压器的原边绕组实现,因此可以省去两个复位绕组。与正激变换器一样,推挽变换器的开关管的电压应力为输入电压的 2 倍。由于是两个正激变换器的交错并联,加在输出滤波器上的脉冲电压的脉动频率为开关频率的 2 倍,且占空比最大可以到 1。这里要强调的是,推挽变换器的变压器是双向磁化的。

(4) 半桥变换器可以看成两个单管正激变换器在输入侧串联,在变压器副边电压整流后并联。这两个单管正激变换器是交错控制,且两个变压器共用一副磁芯。与推挽变换器类似,一个正激变换器的变压器的磁复位功能可以由另一个正激变换器的变压器的原边绕组实现,因此也可以省去两个复位绕组。进一步,变压器的两个原边绕组可以合并为一个。半桥变换器的开关管的电压应力等于输入电压。半桥变换器的变压器也是双向磁化的,加在输出滤波器上的脉冲电压的脉动频率为开关频率的 2 倍,且占空比最大可以到 1,但其原边电压的幅值为输入电压的一半。

(5) 全桥变换器可以看成两个双管正激变换器的交错并联,且两个变压器共用一副磁芯。为此,可以共用一个原边绕组。全桥变换器的开关管的电压应力等于输入电压。全桥变换器的变压器也是双向磁化的,加在输出滤波器上的脉冲电压的脉动频率为开关频率的 2 倍,且占空比最大可以到 1,其原边电压的幅值为输入电压。

上述变换器本质上都是从 Buck 变换器演变而来,因此它们都是 Buck 类隔离变换器,其外特性均与 Buck 变换器相似。表 1.1 给出了单管正激变换器、双管正激变换器、推挽变换器、半桥变换器和全桥变换器等 5 种隔离型 Buck 变换器的对比,下面分别加以介绍。

表 1.1　五种隔离型 Buck 类变换器的比较

隔离型变换器	开关管电压应力	变压器原副边匝比	开关管电流应力	开关管数量	总的开关管功率	输出整流电压脉动频率	输出整流电压的最大占空比
单管正激变换器	$2V_{in}$	K_0	I_o / K_0	1	$2V_{in}I_o/K_0$	f_s	0.5
双管正激变换器	V_{in}	K_0	I_o/K_0	2	$2V_{in}I_o/K_0$	f_s	0.5
推挽变换器	$2V_{in}$	$2K_0$	$I_o/(2K_0)$	2	$2V_{in}I_o/K_0$	$2f_s$	1
半桥变换器	V_{in}	K_0	I_o/K_0	2	$2V_{in}I_o/K_0$	$2f_s$	1
全桥变换器	V_{in}	$2K_0$	$I_o/(2K_0)$	4	$2V_{in}I_o/K_0$	$2f_s$	1

1. 开关管电压应力

单管正激变换器和推挽变换器的开关管的电压应力等于 2 倍输入电压,它们适用于输入电压较低的场合;而双管正激变换器、半桥变换器和全桥变换器的开关管的电压应力等于输入电压,适用于输入电压较高的场合。

2. 变压器匝比

正激变换器(包括单管和双管)的最大占空比限制在 0.5,而推挽变换器、半桥变换器和全桥变换器的输出整流后的电压的最大占空比可以到 1,因此在相同的输入输出电压条件下,如果正激变换器的变压器原副边匝比为 K_0,则推挽变换器和全桥变换器的变压器原副边匝比为 $2K_0$,也就是说这两种变换器的副边电压的幅值只需正激变换器的一半。对于半桥变换器来说,尽管其整流后的电压的占空比可以到 1,但其原边电压的幅值只有输入电压的一半,因此其变压器原副边匝比为 K_0。

3. 开关管电流应力

如果忽略输出滤波电感电流脉动,那么正激变换器(包括单管和双管)和半桥变换器的开关管的电流应力为 I_o/K_o,其中,I_o 为输出电流,而推挽变换器和全桥变换器的开关管的电流应力为 $I_o/(2K_o)$。

4. 开关管功率之和

定义开关管的电压应力和电流应力之积为开关管的功率。从前面的分析可以得出,五种隔离型变换器的每只开关管的功率乘以所需功率管数量,即功率管功率之和,均等于 $2V_{in}I_o/K$。这说明对于同样的输入和输出,这五种变换器所需功率管的功率之和是相同的。换句话说,如果开关管的电压定额和电流定额相同,那么变换器所能输出的功率与其数量成正比。在这五种隔离型变换器中,全桥变换器有 4 只开关管,其开关管数量最多,所能输出的功率也最大。因此全桥变换器被广泛应用于中大功率的场合。

5. 输出滤波器

对于正激变换器(单管和双管)来说,其输出整流后的电压 v_{rect} 的脉动频率为开关频率 f_s,占空比最大为 0.5;而推挽变换器、半桥变换器、全桥变换器的 v_{rect} 的脉动频率为 2 倍开关频率,即 $2f_s$,其占空比最大为 1。因此,对于同样的输出,推挽变换器、半桥变换器、全桥变换器的 v_{rect} 中所含的交流分量要比正激变换器(单管和双管)小得多,相应地,其所需的输出滤波器比正激变换器(单管和双管)的要小得多。

1.3　输出整流电路

1.2 节阐述了正激变换器(包括单管和双管)、推挽变换器、半桥变换器和全桥变换器的推导过程。在这些隔离型 Buck 类变换器中,正激变换器(包括单管和双管)的输出整流电路为半波整流电路,而推挽变换器、半桥变换器和全桥变换器的输出整流电路均为全波整流电路。实际上,对于变压器正负半周均传递能量的变换器,如推挽变换器、半桥变换器和全桥变换器,其输出整流电路还可以是全桥整流电路和倍流整流电路。本节以半波整流电路为基础,推导全波整流电路、全桥整流电路和倍流整流电路,以揭示这三种整流电路之间的关系。

1.3.1　半波整流电路

图 1.9(a)和(b)分别给出了正向半波整流电路和负向半波整流电路,它们只能在变压器原边电压 v_p 分别为正和负时向负载传递能量,其主要波形分别如图 1.10(a)和(b)所示。从这两个波形中可以看出:

(1) 输出电压 V_o 与变压器原边电压幅值 V_{pm} 之间的关系为

$$V_o = D_h V_{pm}/K \tag{1.4}$$

式中,D_h 为半波整流电路的占空比,它等于变压器原边电压的正(或负)半周脉冲宽度与开关周期的比值；K 为变压器原副边绕组匝比。

（2）输出整流后的电压和电感电流脉动频率等于开关频率。

（3）输出整流二极管和续流二极管的电压应力均为 V_{pm}/K。

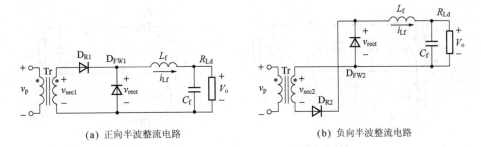

（a）正向半波整流电路　　　　　　　（b）负向半波整流电路

图 1.9　半波整流电路

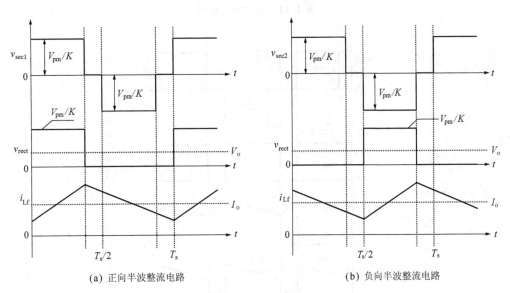

（a）正向半波整流电路　　　　　　　（b）负向半波整流电路

图 1.10　半波整流电路的主要波形

1.3.2　全波整流电路

如果希望变压器在正负半周均向负载传递能量，可以将正向半波整流电路和负向半波整流电路组合起来，如图 1.11(a)所示。前面已分析过，当 v_p 为零时，滤波电感电流可以流过续流二极管 D_{FW1} 和 D_{FW2}，也可以通过 D_{R1} 和 D_{R2} 从两个副边绕组续流，因此 D_{FW1} 和 D_{FW2} 可以省去，如图 1.11(b)所示，这就是全波整流电路。图 1.12 给出了全波整流电路的主要波形，从中可以看出：

（1）输出电压 V_o 与变压器原边电压幅值 V_{pm} 之间的关系为

$$V_o = 2D_h V_{pm}/K = D_y V_{pm}/K \tag{1.5}$$

式中，D_y 为输出整流后电压的占空比，它为电压脉冲宽度与半个开关周期的比值，是半波整流电路占空比的 2 倍，即 $D_y = 2D_h$。

（2）输出整流后的电压和电感电流脉动频率等于 2 倍的开关频率。

（3）两只输出整流二极管的电压应力均为 $2V_{pm}/K$，续流时它们均分滤波电感电流。

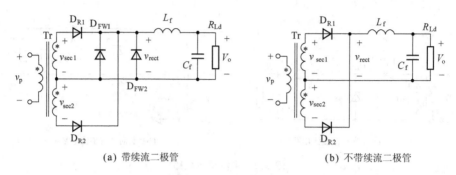

(a) 带续流二极管　　　　　　　　　　　　(b) 不带续流二极管

图 1.11　全波整流电路

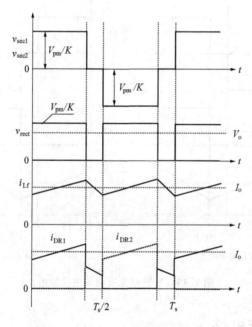

图 1.12　全波整流电路的主要波形

从式(1.4)和式(1.5)可以看出，当占空比 D_h 相同时，全波整流电路的输出电压为半波整流电路的 2 倍，这是因为在全波整流电路下，变压器原边电压为正和负时，均有电压加在输出滤波器上。如果输出电压相同，那么采用全波整流电路时，其变压器匝比为半波整流方式的 2 倍，这样两种整流电路的整流二极管的电压应力相等。与半波整流电路相比，全波整流电路的整流后的电压 v_{rect} 的脉动频率提高了 1 倍，而且其交流分量大大减小，因此滤波电感和滤波电容均可以大大减小。

1.3.3　全桥整流电路

在全波整流电路中，变压器有两个副边绕组，每个绕组只在半个开关周期内流过电流。如果副边绕组在正负半周内均流过电流,则可以提高其利用率,同时减少一个副边绕组,有利于变压器的绕制。图 1.13(a)给出了采用一个副边绕组实现正负半周整流的电路图,其中 D_{R1} 和 D_{FW1} 分别为正向整流电路的整流管和续流管,D_{R2} 和 D_{FW2} 分别为负向整流电路的整流管和续流管。但这种接法导致了副边绕组短路,无法正常工作,为此,需要在正向整流电路和负向整流电路中分别加入二极管 D_{R4} 和 D_{R3},如图 1.13(b)所示。图 1.13(b)的电路图重新整理后,如图 1.13(c)所示。从中可以看出,滤波电感电流既可以通过续流二极管 D_{FW1} 或 D_{FW2} 续流,又可以通过 D_{R1} 和 D_{R3} 或 D_{R2} 和 D_{R4} 组成的支路续流,因此 D_{FW1} 和 D_{FW2} 是冗余的,可以省去,这样就得到了图 1.13(d)所示的电路,即全桥整流电路。

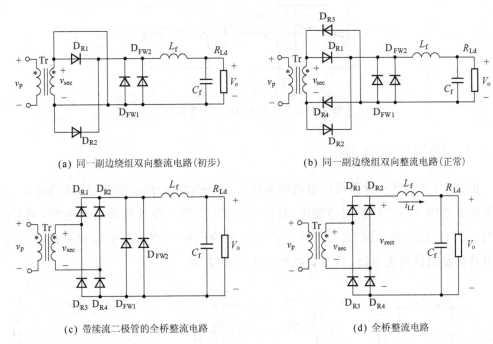

(a) 同一副边绕组双向整流电路(初步)　　(b) 同一副边绕组双向整流电路(正常)

(c) 带续流二极管的全桥整流电路　　(d) 全桥整流电路

图 1.13　全桥整流电路的推导

全桥整流电路的主要波形如图 1.14 所示,从中可以看出:

(1)输出电压的表达式与全波整流电路的一样,即式(1.5)。

(2)与全波整流电路一样,输出整流后的电压和滤波电感电流的脉动频率等于 2 倍的开关频率。

(3)整流二极管的电压应力为 V_{pm}/K,是全波整流电路的一半。续流时它们均分滤波电感电流。

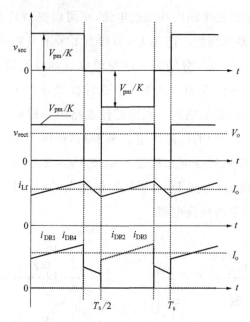

图 1.14 全桥整流电路的主要波形

1.3.4 倍流整流电路

正、负向半波整流电路可以重新画为图 1.15(a)和(b)所示的形式,如果将正、负半波整流电路共用变压器副边绕组、整流二极管、续流二极管以及滤波电容,则可得到图 1.15(c)所示的电路,此时两个滤波电感电流同时供给滤波电容和负载,这个整流电路就是倍流整流电路,其主要波形如图 1.16 所示。

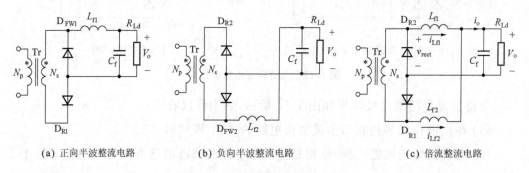

(a) 正向半波整流电路   (b) 负向半波整流电路   (c) 倍流整流电路

图 1.15 倍流整流电路的推导

倍流整流电路的特点是:

(1) 由于倍流整流电路是由正、负半波整流电路并联而成,因此其输出电压的表达式与半波整流电路的一样,即式(1.4)。也就是说,当变压器匝比一样时,倍流整流电路的输出电压只有全波整流电路或全桥整流电路的一半。

(2) 两个滤波电感电流的脉动频率等于开关频率,输出电流 i_o 为两个滤波电感电流之和,其脉动频率为 2 倍的开关频率。由于两个滤波电感电流的相位差为半个开关周期,其电流脉动具有相互抵消效应,因此输出电流 i_o 的脉动小于单个滤波电感电流的脉动。

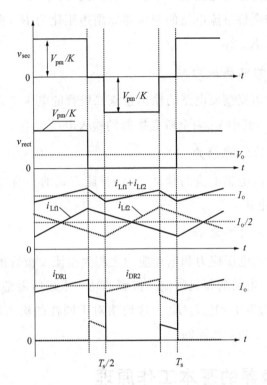

图 1.16 倍流整流方式的主要波形

(3) 两只输出整流二极管的电压应力均为 V_{pm}/K。当占空比 D_h 相同时,如果输入电压一样,为了获得相同的输出电压,倍流整流电路的变压器原副边匝比为全波整流电路和全桥整流电路的一半,因此倍流整流电路的输出整流二极管的电压应力与全波整流电路的相同,是全桥整流电路的 2 倍。

从上面的分析可以看出,全波整流电路、全桥整流电路和倍流整流电路都可以从半波整流电路推导而来。表 1.2 给出了这三种整流电路的比较,介绍如下。

表 1.2 三种整流电路的比较

整流电路	变压器原副边匝比	整流二极管电压应力	整流二极管电流应力	开关管数量	总的整流二极管功率
全波整流	K_0	$2V_{in}/K_0$	I_o	2	$4V_{in}I_o/K_0$
全桥整流	K_0	V_{in}/K_0	I_o	4	$4V_{in}I_o/K_0$
倍流整流	$K_0/2$	$2V_{in}/K_0$	I_o	2	$4V_{in}I_o/K_0$

1. 变压器匝比

全波整流电路和全桥整流电路可以看成正向半波整流电路和负向半波整流电路的串联,而倍流整流电路可以看成正向半波整流电路和负向半波整流电路的并联,因

此当占空比 D_h 相同和变压器原副边匝比相同的情况下,倍流整流电路的输出电压只有全波整流电路和全桥整流电路的一半。换句话说,当输入和输出电压分别相等时,如果全波整流电路和全桥整流电路的变压器原副边匝比为 K_0,那么倍流整流电路的变压器原副边匝比为 $K_0/2$。

2. 整流二极管的电压应力

全波整流电路和倍流整流电路的输出整流二极管的电压应力为 $2V_{in}/K_0$,全桥整流电路的则为 V_{in}/K_0,其中 V_{in} 为全桥变换器的输入电压。

3. 整流二极管的电流应力

如果忽略输出滤波电感电流的脉动,三种整流方式的整流二极管的电流应力均为 I_0,其中 I_0 为输出电流。

4. 整流二极管的功率之和

定义整流二极管的电压应力和电流应力之积为整流二极管的功率。从前面的分析可以得出,三种整流电路的每只整流二极管的功率乘以所需整流二极管数量,即整流二极管功率之和,均等于 $4V_{in}I_0/K_0$。这说明对于同样的输入输出,这三种整流电路所需功率管的功率之和是相同的。

1.4 全桥变换器的基本工作原理

1.4.1 全桥变换器的电路拓扑

全桥变换器的变压器在正、负半周内均传递功率,其输出整流电路可为全波整流电路、全桥整流电路和倍流整流电路,图 1.17 给出了三种输出整流电路的全桥变换器。

1.4.2 全桥变换器的控制方式

全桥变换器的常用控制方法有双极性控制方法、有限单极性控制方法和移相控制方法[13],如图 1.18 所示。所谓双极性控制,是指全桥变换器斜对角的两只开关管同时开通和关断,且其导通时间小于开关周期的一半。有限单极性控制方式是指逆变桥的一个桥臂的两只开关管为 180° 互补导通,另一个桥臂的两只开关管分别相对于其斜对角的开关管开关工作,其导通时间小于开关周期的一半。在移相控制方式中,每个桥臂的两只开关管均为 180° 互补导通,两个桥臂的开关信号之间存在一个相移,通过控制这个相移来控制逆变桥输出电压的脉宽大小,从而控制输出电压。

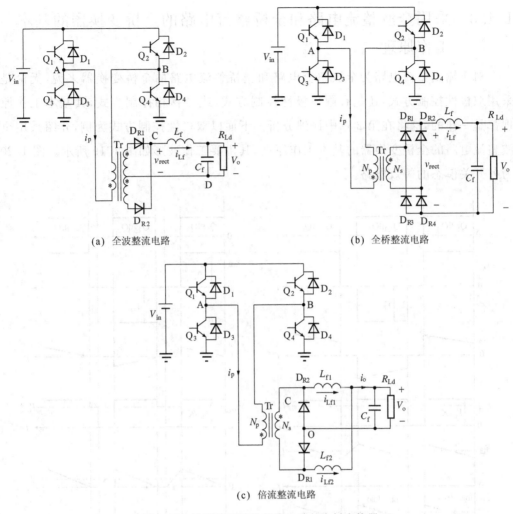

(a) 全波整流电路　　　　　　　　　　　　　(b) 全桥整流电路

(c) 倍流整流电路

图 1.17　采用不同输出整流电路的全桥变换器

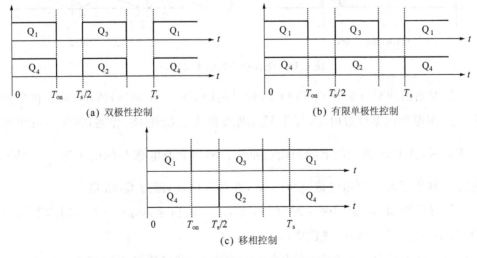

(a) 双极性控制　　　　　　　　　　　　　　(b) 有限单极性控制

(c) 移相控制

图 1.18　全桥变换器的常用控制方法

1.4.3　采用全波整流电路和全桥整流电路的全桥变换器的基本工作原理

对于输出整流电路为全波整流电路和全桥整流电路的全桥变换器来说,无论是采用双极性控制方式,还是有限单极性控制方式,或者移相控制方式,其基本工作原理都是一样的,这将在第2章中详细分析。下面以双极性控制方式为例,介绍采用全波整流电路的全桥变换器的基本工作原理,其主要工作波形如图 1.19 所示。图 1.20 为各开关模态的等效电路。

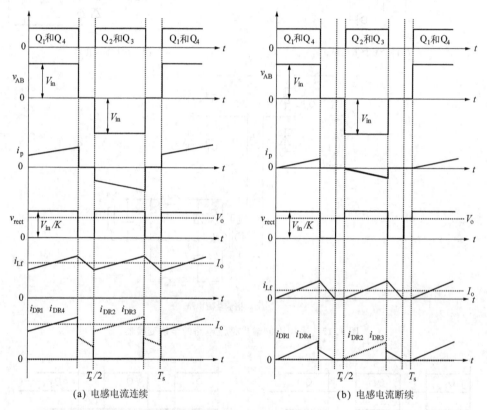

(a) 电感电流连续　　　　　　　　　　(b) 电感电流断续

图 1.19　全桥变换器的主要波形

当斜对角的两只开关管 Q_1 和 Q_4 同时导通时,如图 1.20(a)所示,逆变桥中点间电压 v_{AB},亦即变压器原边电压,等于 V_{in},副边整流二极管 D_{R1} 导通,整流后的电压为 $v_{rect}=V_{in}/K$,其中 K 为变压器的原副边匝比。输出滤波电感 L_f 的电压为 $\dfrac{V_{in}}{K}-V_o$,L_f 的电流 i_{Lf} 线性增加。原边电流 $i_p=i_{Lf}/K$,亦线性增加,流过 Q_1 和 Q_4。

当斜对角的 Q_2 和 Q_3 同时导通时,如图 1.20(b)所示,$v_{AB}=-V_{in}$,副边整流二极管 D_{R2} 导通,$v_{rect}=V_{in}/K$,i_{Lf} 线性增加。

当四只开关管全部关断时,原边电流 i_p 为零,滤波电感电流通过两只整流二极管续流,如图 1.20(c)所示,两只整流二极管的电流均为滤波电感电流的一半,即 $i_{DR1}=$

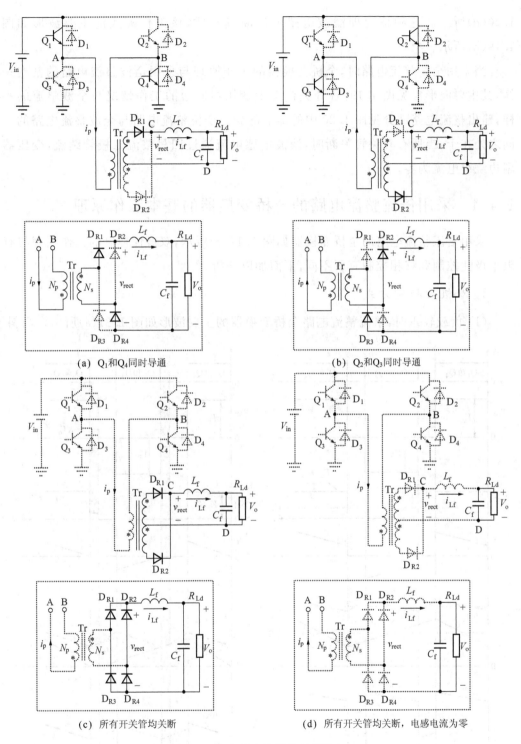

(a) Q_1和Q_4同时导通   (b) Q_2和Q_3同时导通

(c) 所有开关管均关断   (d) 所有开关管均关断,电感电流为零

图 1.20 全桥变换器的开关模态

$i_{DR2} = i_{Lf}/2$。由于两只整流二极管均导通,变压器副边电压均为零,则 $v_{rect} = 0$。此时,加在滤波电感上的电压为 $-V_o$,这个负压使 i_{Lf} 线性下降。如果负载较小,或者滤波电感较小,i_{Lf} 将在斜对角的两只开关管开通之前下降到零,且一直保持为零,如图

1.20(d)所示。这种情况即滤波电感电流断续模式,该工作模式的主要波形如图1.19(b)所示。

当采用全桥整流电路时,全桥变换器的工作原理与采用全波整流电路的基本一样,其主要波形参见图1.19,各开关模态中变压器原边的工作情况与全波整流的一样,输出整流电路部分见图1.20中的虚框部分。全桥整流电路与全波整流电路的不同之处在于,当所有开关管关断时,滤波电感电流通过四只整流二极管续流,变压器副边绕组电流为零。

1.4.4　采用倍流整流电路的全桥变换器的基本工作原理

采用倍流整流电路的全桥变换器如图1.17(c)所示,双极性控制的工作原理与有限单极性控制和移相控制有所不同,下面加以分析。

1. 双极性控制方式

(1) 负载较重时,倍流整流电路全桥变换器的主要波形如图1.21(a)所示。当斜

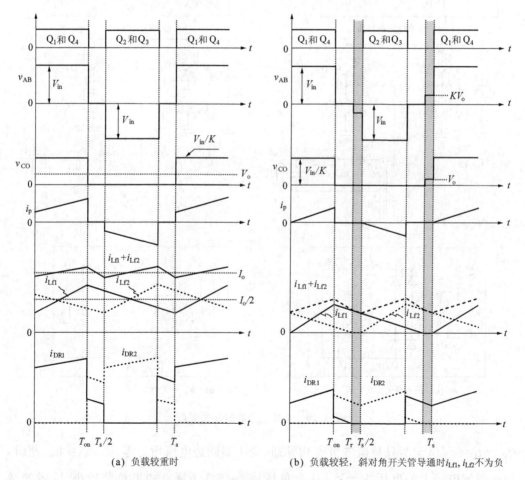

(a) 负载较重时　　　　　　　　　　(b) 负载较轻,斜对角开关管导通时i_{Lf1},i_{Lf2}不为负

图 1.21　双极性控制方式下倍流整流电路全桥变换器在不同负载下的主要波形

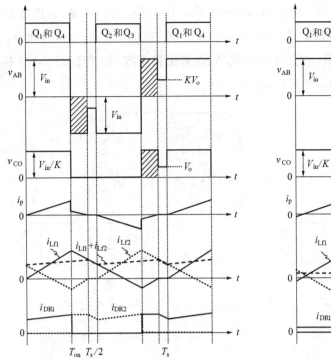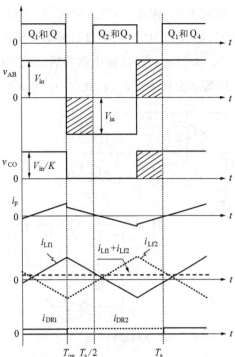

(c) 负载较轻，斜对角开关管导通时 i_{Lf1} 和 i_{Lf2} 下降为负   (d) 负载非常轻，斜对角开关管导通时 i_{Lf1} 和 i_{Lf2} 下降为负

续图 1.21

对角的开关管 Q_1 和 Q_4 同时导通时，如图 1.22(a) 所示，$v_{AB} = V_{in}$，副边整流二极管 D_{R1} 导通，$v_{CO} = V_{in}/K$。其中，K 为变压器的原副边匝比。输出滤波电感 L_{f1} 两端的电压为 $\dfrac{V_{in}}{K} - V_o$，其电流 i_{Lf1} 线性增加。输出滤波电感 L_{f2} 两端的电压为 $-V_o$，其电流 i_{Lf2} 线性下降。原边电流 i_p 为折算到原边的 i_{Lf1}（即 $i_p = i_{Lf1}/K$），它亦线性增加，流过 Q_1 和 Q_4。输出电流 i_o 为两个输出滤波电感电流之和（即 $i_o = i_{Lf1} + i_{Lf2}$），它也线性增加。

当 Q_1 和 Q_4 关断时，如图 1.22(b) 所示，i_p 为零，i_{Lf1} 和 i_{Lf2} 分别通过整流二极管 D_{R2} 和 D_{R1} 续流，此时加在两个滤波电感上的电压均为 $-V_o$，因此 i_{Lf1} 和 i_{Lf2} 均线性下降。由于 D_{R1} 和 D_{R2} 同时导通，$v_{CO} = 0$，变压器副边绕组电压也为零，相应地，原边电压 v_{AB} 也为零。

当 Q_2 和 Q_3 同时导通时，变换器的工作原理与 Q_1 和 Q_4 同时导通时的类似，这里不再给出。

(2) 负载较轻，斜对角开关管导通时滤波电感电流不下降为负。

前面已提到，当四只开关管全部关断时，i_{Lf1} 和 i_{Lf2} 分别通过整流二极管 D_{R2} 和 D_{R1} 续流，且线性下降。如果负载较轻或滤波电感较小，那么 i_{Lf1} 或 i_{Lf2} 将会减小到零。以 i_{Lf2} 减小到零为例，参考图 1.22(c)，如果 i_{Lf2} 减小到零后继续反方向流动，则必然从异名端流入副边绕组。此时，原边绕组中也会感应出电流，通过 D_2 和 D_3 流动，这样变压器原边电压 $v_{AB} = -V_{in}$，相应地，副边绕组感应出 V_{in}/K，其极性为下正上负，该电压

显然大于 V_o。阻止 i_{Lf2} 反方向流动。因此 i_{Lf2} 减小到零后不可能反方向流动,只能维持在零,如图 1.21(b) 中左边阴影部分所示的 $[T_r, T_s/2]$ 时段,此时 v_{AB} 为 $-KV_o$,而 v_{CO} = 0。类似地,当 i_{Lf1} 减小到零后,不会反方向流动,而是维持在零,如图 1.21(b) 中右边阴影部分所示的时段,此时 v_{AB} 为 KV_o,而 $v_{CO}=V_o$。

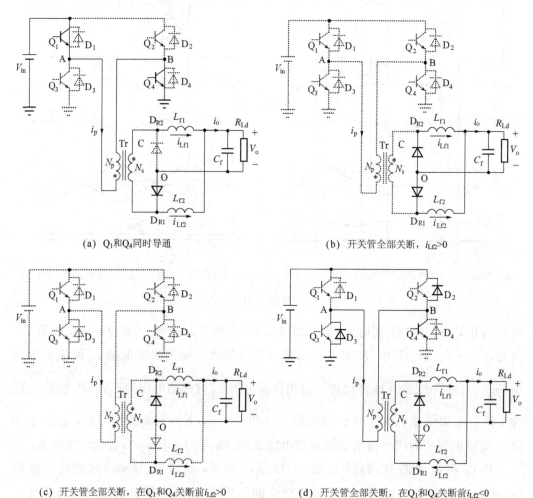

(a) Q_1 和 Q_4 同时导通

(b) 开关管全部关断,$i_{Lf2}>0$

(c) 开关管全部关断,在 Q_1 和 Q_4 关断前 $i_{Lf2}>0$

(d) 开关管全部关断,在 Q_1 和 Q_4 关断前 $i_{Lf2}<0$

图 1.22 双极性控制下倍流整流电路全桥变换器各开关模态的等效电路

(3) 负载较轻,斜对角开关管导通时滤波电感电流下降为负。

如果负载进一步减轻,那么在 Q_1 和 Q_4 同时导通时,i_{Lf2} 将会下降增加到零,并反向流动,如图 1.22(c) 所示。当 Q_1 和 Q_4 关断时,i_{Lf1} 通过整流二极管 D_{R2} 续流,且线性下降,而 i_{Lf2} 则流过变压器副边绕组,这就迫使原边绕组电流 i_p 为正,流过 Q_2 和 Q_3 的反并二极管 D_2 和 D_3,$i_p = -i_{Lf2}/K$,如图 1.22(d) 所示。此时 $v_{AB}=-V_{in}$,加在滤波电感 L_{f2} 上的电压为 $\dfrac{V_{in}}{K}-V_o$,使 i_{Lf2} 线性上升。当 i_{Lf2} 上升到零时,原边电流 i_p 也下降到零。由于四只开关管同时关断,i_p 无法负方向流动,这就使得 i_{Lf2} 一直维持在零,直到 Q_2 和 Q_3 同时开通。从图 1.21(c) 可以看出,与图 1.21(b) 相比,v_{AB} 和 v_{CO} 的波形多出了阴影部分的电压,而 v_{CO} 的平均值即输出电压 V_o,这就意味着 V_o 不仅与开关管的占空比有关,还与负载大小有关。

如果负载继续减小,那么图 1.21(c)中的阴影部分将继续增大,并将增大到 Q_2 和 Q_3 同时导通时刻,如图 1.21(d)所示。也就是说,当 Q_2 和 Q_3 同时导通时,i_{Lf2} 还未上升到零,那么 i_{Lf2} 上升到零后可以继续线性上升,不再断续。在这种情况下,v_{AB} 变为一个 180° 电角宽的交流方波电压,而 v_{CO} 变为一个幅值为 V_{in}/K、脉宽为 $T_s/2$ 的脉冲电压波形,其平均值即输出电压 V_o 恒为 $V_{in}/(2K)$,它与斜对角开关管的占空比大小无关。出现图 1.21(d)的情况与负载大小和开关管的占空比有一定的约束条件,这里不再展开讨论。

上面的分析表明,采用双极性控制方式时,当负载轻到一定程度时,倍流整流电路全桥变换器的输出电压将等于 $V_{in}/(2K)$,而与开关管的占空比无关。也就是说,此时输出电压无法通过占空比来调节,处于失控状态,因此倍流整流电路全桥变换器不适合采用双极性控制方式。

2. 移相控制方式

图 1.23 给出了采用移相控制时倍流整流电流全桥变换器的主要波形。当负载较重时,移相控制的波形与双极性控制的相同,如图 1.23(a)所示。

如果负载变轻,在斜对角的开关管 Q_1 和 Q_4 导通时,i_{Lf2} 下降,且反向流动。当 Q_1 关断,Q_3 开通,Q_4 继续导通时,i_{Lf1} 经过 D_{R2} 续流,而 i_{Lf2} 流过变压器副边绕组,它迫使原边绕组流过正向电流,原边电流 $i_p = -i_{Lf2}/K$。由于 Q_4 继续导通,i_p 流过 Q_3 的反并二极管 D_3 和 Q_4,如图 1.24(a)所示。此时,$v_{AB} = 0$,加在滤波电感 L_{f2} 上的电压依然为 $-V_o$,i_{Lf2} 继续线性下降,即反向增大。图 1.23(b)给出了这种情况下的主要波形。

如果负载进一步变轻,当 $v_{AB} = 0$ 时,两个滤波电感电流均线性下降,当 $i_{Lf1} = -i_{Lf2}$ 时,整流二极管 D_{R2} 截止,两个滤波电感电流不再变化,而 $i_o = 0$,如图 1.24(b)所示。此时称变换器工作在电流断续模式,其波形如图 1.23(b)所示。请注意,对于倍流整流电路来说,其电流断续模式是指两个滤波电感电流之和,即流入滤波电容和负载中的电流,是断续的,此时两个滤波电感电流并不为零。相应地,倍流整流电路的电流连续模式是指两个滤波电感电流之和是连续的。

从上面的分析可以看出:

(1)采用移相控制时,如果全桥变换器工作在电流连续模式,其输出电压与负载大小无关;而当负载较轻,全桥变换器工作在电流断续模式时,依然可以通过调节占空比来调节输出电压,这与双极性控制是不同的。

(2)如果滤波电感电流出现反方向流动,则在 $v_{AB} = 0$ 时,反向流过的滤波电感电流迫使原边流过电流,且线性增加,这为滞后管的零电压开关创造条件,第 8 章将会详细讨论。

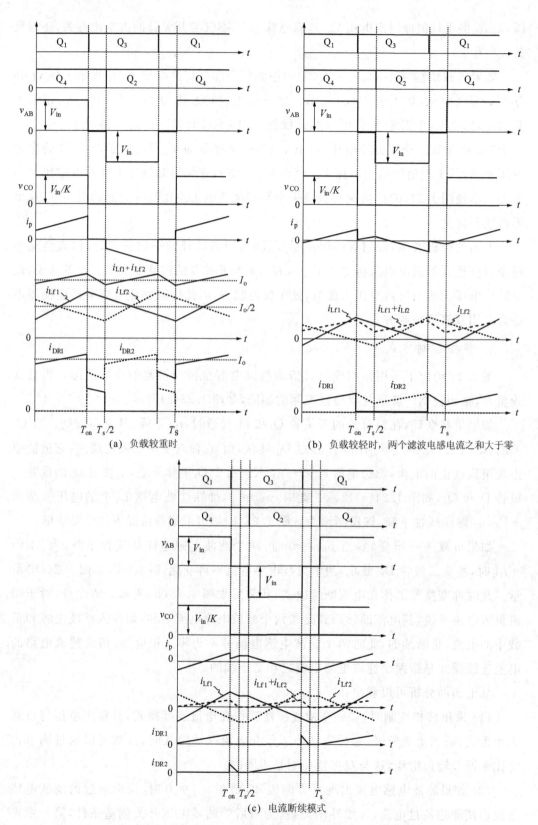

(a) 负载较重时   (b) 负载较轻时，两个滤波电感电流之和大于零

(c) 电流断续模式

图 1.23 移相控制下倍流整流电路全桥变换器的主要波形

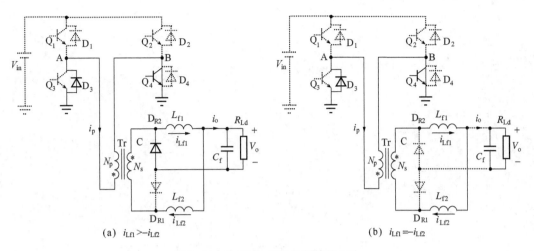

图 1.24 Q_3 和 Q_4 导通时的等效电路

当采用有限单极性控制时,倍流整流电路全桥变换器的工作原理与移相控制相同,这里不再赘述。

本章小结

本章介绍了电力电子技术的发展方向、电力电子变换器的基本类型与要求,以及直流变换器的基本类型及其特点。基于 Buck 变换器,推导了隔离型 Buck 类直流变换器电路拓扑,包括正激变换器(含单管和双管)、推挽变换器、半桥变换器和全桥变换器,由此揭示了它们之间的关系。基于半波整流电路,推导了全波整流电路、全桥整流电路和倍流整流电路,由此揭示了各种整流电路之间的关系。分析了全波整流电路、全桥整流电路和倍流整流电路等三种整流方式的全桥变换器在不同控制方式下的基本工作原理,其中倍流整流电路全桥变换器较为特殊,它适合采用移相控制和有限单极性控制方法。本章为后面讨论全桥变换器的软开关技术打下了基础。

第 2 章

全桥变换器的 PWM 软开关技术理论基础

第 1 章介绍了全桥变换器的基本电路结构及其控制方法,从本章开始,介绍全桥变换器的 PWM 软开关技术。所谓 PWM 软开关技术,是指利用全桥变换器的 PWM 控制策略来实现开关管的软开关,而不是利用变频控制方法。本章介绍全桥变换器的 PWM 软开关技术的理论基础[14]。

2.1 全桥变换器的 PWM 控制策略

2.1.1 基本 PWM 控制策略

全桥变换器的基本电路结构及其主要波形如图 2.1 所示,其中,V_{in} 是输入直流电压,Q_1 和 $D_1 \sim Q_4$ 和 D_4 构成两个桥臂,高频变压器 Tr 的原副边匝比为 K,D_{R1} 和 D_{R2} 是输出整流二极管,L_f 是输出滤波电感,C_f 是输出滤波电容,R_{Ld} 是负载。请注意,这里采用的是全波整流电路,它也可以采用全桥整流电路和倍流整流电路,其工作原理基本相同。

通过控制四只开关管,在 A、B 两点得到一个幅值为 V_{in} 的交流方波电压,经过高频变压器的隔离和变压后,在变压器副边得到幅值为 V_{in}/K 的交流方波电压,然后通过由 D_{R1} 和 D_{R2} 构成的输出整流桥,得到输出整流后的电压 v_{rect},它是一个幅值为 V_{in}/K 的直流方波电压,L_f 和 C_f 组成的输出滤波器将 v_{rect} 中的高频分量滤去,从而得到平直的直流输出电压 V_o,其大小为 $D_y \cdot V_{in}/K$,其中 $D_y = \dfrac{T_{on}}{T_s/2}$,是占空比,$T_{on}$ 是斜对角的两只开关管的同时导通时间,T_s 是开关周期。通过调节占空比 D_y 来调节输出电压 V_o。

为了得到输出整流后的脉宽调制电压 v_{rect},只需在高频变压器的副边得到一个交流方波电压,亦即在高频变压器原边(即 A、B 两点)得到一个交流方波电压。为了得到这个交流方波电压,最基本的方法如图 2.2 所示,即斜对角的两只开关管 Q_1、Q_4 和 Q_2、Q_3 同时导通或关断,每只开关管导通时间 T_{on} 小于 1/2 开关周期,即 $T_{on} < T_s/2$。

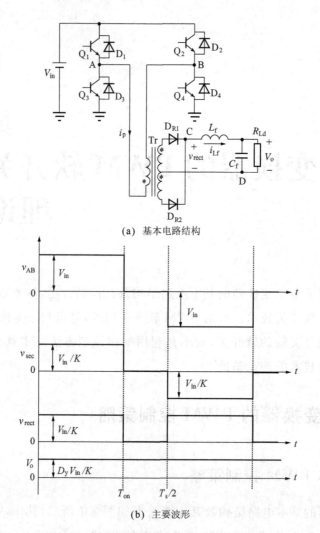

(a) 基本电路结构

(b) 主要波形

图 2.1　基本的全桥电路结构及其主要波形

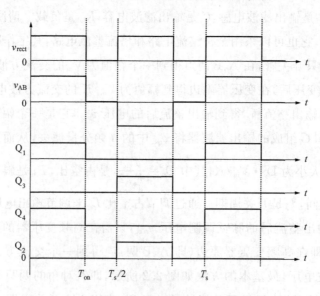

图 2.2　基本的控制方式

　　实际上,如果仔细分析一下该控制方式,就会发现一种有意义的现象,从而得到一种新的想法,其思路如图 2.3 所示,即在图 2.2 的基础上,保持 Q_2 和 Q_4 的导通时间不变,将 Q_1 和 Q_3 的导通时间向前增加一段时间或者增加到半个开关周期;或保持 Q_1 和 Q_3 的导通时间不变,将 Q_2 和 Q_4 的导通时间向后增加一段时间或者增加到半个开关周期;或将 Q_1 和 Q_3 的导通时间向前增加一段时间或者增加到半个开关周期,同时将 Q_2 和 Q_4 的导通时间向后增加一段时间或者增加到半个开关周期,那么在 A、B 两点得到的电压与图 2.2 完全一样。这是因为只有当 Q_1 和 Q_4 同时导通时,在 A、B 两点才能得到正的电压脉冲 $(+1)V_{in}$,而当 Q_2 和 Q_3 同时导通时,在 A、B 两点才能得到负的电压脉冲 $(-1)V_{in}$。因此只要保证斜对角的两只开关管的导通重叠时间不变,开关管的导通时间向前增加和向后增加对于 A、B 两点电压没有任何影响。基于以上的思路,可以得到全桥变换器的一族 PWM 控制方式,以前的文献所提出的 PWM 控制方式也全部被包括在内。

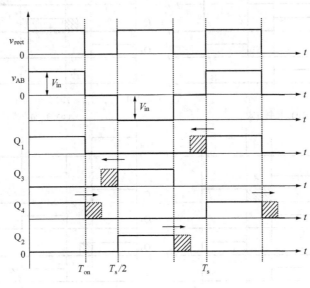

图 2.3　新的控制策略

2.1.2　开关管导通时间的定义

　　根据导通时间增加的时间 T_{add} 不同,每个桥臂有三种控制方式,即①不增加导通时间;②增加一段导通时间,但 $T_{on} < T_s/2$;③增加导通时间,使 $T_{on} = T_s/2$。定义两个桥臂的导通时间如下。

　　1. Q_1 和 Q_3 导通时间定义

　　A_1:不增加导通时间,$T_{on} = D_y T_s/2$。

　　B_1:向前增加一段导通时间,$T_{on} = D_y T_s/2 + T_{add} < T_s/2$。

　　C_1:向前增加导通时间,使 $T_{on} = D_y T_s/2 + T_{add} = T_s/2$。

2. Q_2 和 Q_4 导通时间定义

A_2：不增加导通时间，$T_{on} = D_y T_s/2$。

B_2：向后增加一段导通时间，$T_{on} = D_y T_s/2 + T_{add} < T_s/2$。

C_2：向后增加导通时间，使 $T_{on} = D_y T_s/2 + T_{add} = T_s/2$。

2.1.3　全桥变换器的 PWM 控制策略族

根据两个桥臂导通时间增加的情况不一样，可以组合得到 $3×3＝9$ 种控制策略，如图 2.4 所示。它们分别如下。

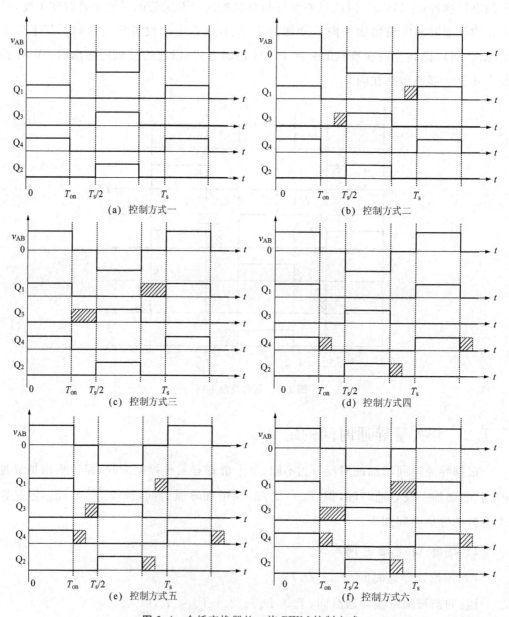

图 2.4　全桥变换器的一族 PWM 控制方式

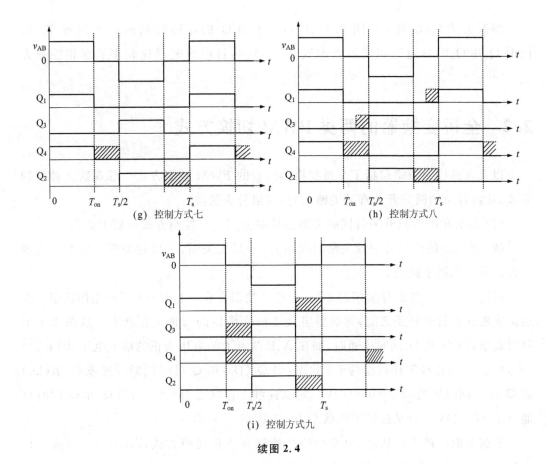

(g) 控制方式七　　　　　　(h) 控制方式八

(i) 控制方式九

续图 2.4

控制方式一：A_1 和 A_2 [图 2.4(a)]，即两个桥臂都不增加导通时间，这就是基本的控制方式。

控制方式二：B_1 和 A_2 [图 2.4(b)]，即 Q_2 和 Q_4 不增加导通时间，Q_1 和 Q_3 向前增加一段导通时间。

控制方式三：C_1 和 A_2 [图 2.4(c)]，即 Q_2 和 Q_4 不增加导通时间，Q_1 和 Q_3 的导通时间向前增加到 $T_s/2$。

控制方式四：A_1 和 B_2 [图 2.4(d)]，即 Q_1 和 Q_3 不增加导通时间，Q_2 和 Q_4 向后增加一段导通时间。

控制方式五：B_1 和 B_2 [图 2.4(e)]，即 Q_1 和 Q_3 向前增加一段导通时间，同时 Q_2 和 Q_4 向后增加一段导通时间。

控制方式六：C_1 和 B_2 [图 2.4(f)]，即 Q_1 和 Q_3 的导通时间向前增加到 $T_s/2$，同时 Q_2 和 Q_4 向后增加一段导通时间。

控制方式七：A_1 和 C_2 [图 2.4(g)]，即 Q_1 和 Q_3 不增加导通时间，同时 Q_2 和 Q_4 的导通时间向后增加到 $T_s/2$，这就是文献[14]中所定义的有限单极性控制方式。

控制方式八：B_1 和 C_2 [图 2.4(h)]，即 Q_1 和 Q_3 向前增加一段导通时间，同时 Q_2 和 Q_4 的导通时间向后增加到 $T_s/2$。

控制方式九：C_1 和 C_2［图 2.4(i)］，即 Q_1 和 Q_3 的导通时间向前增加到 $T_s/2$，同时 Q_2 和 Q_4 的导通时间向后增加到 $T_s/2$，这是目前研究得比较多的移相控制方式[15~18]。

2.2　全桥变换器的两类 PWM 切换方式

以上九种控制策略包括了全桥变换器所有的 PWM 控制方式。综观这九种控制方式，从斜对角的两只开关管的关断来看，可以分为两类：

(1) 斜对角的两只开关管同时关断。控制方式一～控制方式三属于此类。

(2) 斜对角的两只开关管关断时间错开，一只先关断，一只后关断。控制方式四～控制方式九属于此类。

根据四只开关管的导通情况不同，全桥变换器存在 +1, 0, -1 三种工作状态。在讨论实现开关管软开关之前，有必要定义全桥变换器的三种工作状态。从图 2.1 中可以看出，当 Q_1 和 Q_4 同时导通时，加在 A、B 两点上的电压为正的输入电压，即 $v_{AB}=(+1)V_{in}$，定义这种工作状态为 +1 状态；当 $Q_1(D_1)$ 和 $Q_2(D_2)$ 同时导通或者 $Q_3(D_3)$ 和 $Q_4(D_4)$ 同时导通，$v_{AB}=0=(0)V_{in}$，定义这种工作状态为 0 状态；当 Q_2 和 Q_3 同时导通，$v_{AB}=(-1)V_{in}$，定义这种工作状态为 -1 状态。

根据上面三种工作状态，可知全桥变换器有三种切换方式，即 +1/-1（或 -1/+1）、+1/0（或 -1/0）、0/+1（或 0/-1）。

2.2.1　斜对角两只开关管同时关断

图 2.5 给出了斜对角两只开关管同时关断切换方式的电路，其中 L_{lk} 是变压器原边漏感。当斜对角的两只开关管 Q_1、Q_4（或 Q_2、Q_3）同时导通时，$v_{AB}=(+1)V_{in}$［或者 $v_{AB}=(-1)V_{in}$］。如果关断 Q_1、Q_4（或 Q_2、Q_3），由于 L_{lk} 的存在，原边电流 i_p 不会立即减小到零，它从 Q_1、Q_4（或 Q_2、Q_3）中立即转移到 D_2、D_3（或 D_1、D_4）中，使得 $v_{AB}=(-1)V_{in}$［或 $v_{AB}=(+1)V_{in}$］，这样就出现了 +1/-1（或 -1/+1）切换方式。这个电压使原边电流减小到零。

为了实现开关管的软关断，可以给它们分别并联吸收电容，如图 2.5 中的 C_1～C_4。以开关管 Q_1 和 Q_4 关断为例进行分析。当 Q_1 和 Q_4 关断时，原边电流给 Q_1 和 Q_4 的并联电容 C_1 和 C_4 充电，同时使 C_2 和 C_3 放电。这样就限制了 Q_1 和 Q_4 的电压上升率，近似实现了 Q_1 和 Q_4 的零电压关断。当 C_1 和 C_4 的电压上升到 V_{in} 时，C_2 和 C_3 的电压同时下降到零，Q_2 和 Q_3 的反并二极管 D_2 和 D_3 导通，为 Q_2 和 Q_3 提供了零电压开通的条件。但是如果此时开通 Q_2 和 Q_3，v_{AB} 则为占空比为 1 的交流方波电压，不能实现 PWM 控制。

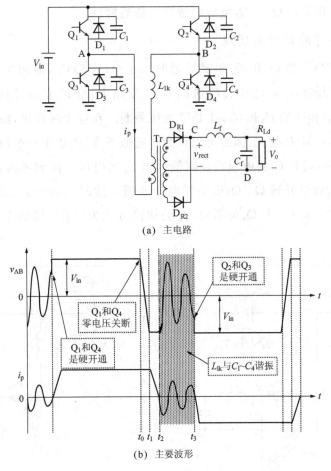

(a) 主电路

(b) 主要波形

图 2.5 ＋1/－1 切换方式

为了实现 PWM 控制,在 Q_2 和 Q_3 的反并二极管 D_2 和 D_3 导通时,不能开通 Q_2 和 Q_3。由于此时 $v_{AB}＝(-1)V_{in}$,原边电流 i_p 将在此负电压的作用下减小,并且回到零。由于所有四只开关管全部处于关断状态,其并联电容会与漏感产生谐振。原边电流 i_p 反向增加,C_1 和 C_4 放电,C_2 和 C_3 充电。当 Q_2 和 Q_3 开通时,其并联电容 C_2 和 C_3 的电压不一定为零,其电荷就直接通过开关管释放,电容的能量全部消耗在 Q_2 和 Q_3 中,而且在开关管中产生开通电流尖峰,损坏开关管。开关管不能实现软开关。

从上面的分析可知,在斜对角两只开关管同时关断切换方式下出现了＋1/－1或－1/＋1切换方式,无法实现开关管的软开关,只能采用 RC 或 RCD 等有损缓冲电路来改善开关管的工作状态。

2.2.2 斜对角两只开关管关断时间错开

如果将斜对角的两只开关管的关断时间相对错开一个时间,即一只开关管先关断,另一只开关管延迟一段时间再关断,就会改善开关管的开关状态。如果 Q_1 和 Q_3 分别在 Q_4 和 Q_2 之前关断,可以定义先关断的开关管 Q_1 和 Q_3 组成的桥臂为超前桥臂,而后关断的开关管 Q_4 和 Q_2 组成的桥臂为滞后桥臂。

1. 超前桥臂的软开关实现

参考图 2.6(a),当 Q_1 和 Q_4 同时导通时,$v_{AB} = (+1)V_{in}$,原边电流 i_p 流过 Q_1 和 Q_4。当 Q_1 先关断时,i_p 从 Q_1 中转移到 C_1 和 C_3 支路中,给 C_1 充电,同时 C_3 被放电,如图 2.6(b)所示。由于有 C_3 和 C_1,Q_1 是零电压关断。在这个时段里,漏感 L_{lk} 和滤波电感 L_f 是串联的,而且 L_f 很大,因此可以认为 i_p 近似不变,类似于一个恒流源。这样 C_1 的电压线性升高,同时 C_3 的电压线性降低。当 C_3 的电压下降到零时,Q_3 的反并二极管 D_3 自然导通,此时开通 Q_3,Q_3 就是零电压开通。这时 $v_{AB} = 0$,该开关切换方式为 $+1/0$ 切换方式。同样,当 Q_3 关断时,开关切换方式为 $-1/0$ 切换方式,其工作原理完全类似。

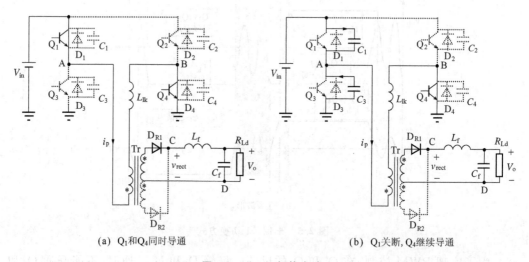

(a) Q_1 和 Q_4 同时导通　　　　　　　　(b) Q_1 关断,Q_4 继续导通

图 2.6　+1/0 切换方式

从上面的分析可以得到两个结论:①超前桥臂在关断时,输出滤波电感与漏感是串联的,原边电流基本不变,是一个恒流源,因此超前桥臂只能实现零电压开关(ZVS),不能实现零电流开关(ZCS)。②由于超前桥臂在关断时,输出滤波电感与漏感是串联的,原边电流基本不变,是一个恒流源,所以超前桥臂容易实现 ZVS。

2. 0 状态

图 2.7 是 0 状态的电路。此时 Q_3 和 Q_4 导通(实质上是 D_3 和 Q_4 导通),$v_{AB} = 0$。由于 D_3 和 Q_4 存在通态压降,此时原边电流略有减小。

如果在主电路中加入一定的电路,就可以使 0 状态出现两种工作模式,一种是恒流模式,一种是电流复位模式。所谓恒流模式,就是在 0 状态下,使原边电流基本保持不变,为滞后桥臂提供 ZVS 的条件;而电流复位模式,就是在 0 状态下,使原边电流减小到零,为滞后桥臂提供 ZCS 的条件。

3. 滞后桥臂的软开关实现

1) 滞后桥臂的 ZVS

如果 0 状态处于恒流模式,原边电流 i_p 流过 D_3 和 Q_4,如图 2.7 所示。当 Q_4 关断时,原边电流从 Q_4 中转移到 C_2 和 C_4 支路中,给 C_4 充电,同时给 C_2 放电,如图 2.8 所示。由于有 C_2 和 C_4,Q_4 是零电压关断。当 C_2 的电压下降到零时,Q_2 的反并二极管 D_2 自然导通,此时开通 Q_2,Q_2 就是零电压开通。这时 $v_{AB} = (-1)V_{in}$,该开关切换方式为 $0/-1$ 切换方式。同样,如果在 0 状态时 i_p 流过 D_1 和 Q_2,当 Q_2 关断时,开关切换方式为 $0/+1$ 切换方式,其工作原理完全类似。

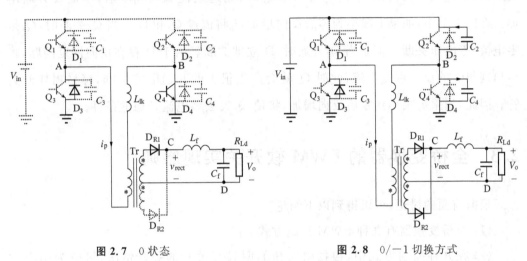

图 2.7 0 状态   图 2.8 0/-1 切换方式

当 Q_4 关断后,C_4 电压增加,$v_{AB} = -v_{C4}$,v_{AB} 为负电压,使 D_{R2} 也导通。由于两只整流管 D_{R1} 和 D_{R2} 同时导通,则变压器副边电压为零,变压器原边电压也相应为零,v_{AB} 电压全部加在漏感上,使原边电流 i_p 减小。如果漏感能量较少,就会出现 C_4 的电压还没有上升到 V_{in},原边电流就已减小到零,C_4 的电压就会使原边电流反方向增加,这样 C_4 的电压随之下降,而 C_2 的电压随之上升。当 Q_2 开通时,C_2 的电压不为零,Q_2 就不能实现零电压开通,而是硬开通。

从上面的分析同样可以得到四个结论:①在恒流模式下,滞后桥臂开关管上要并联电容,以实现 ZVS;②滞后桥臂实现 ZVS 的能量是漏感的能量;③漏感远远小于输出滤波电感,因此滞后桥臂实现 ZVS 较超前桥臂困难;④漏感能量与负载有关,负载越大,能量越大;负载越小,能量越小。在负载较小时,漏感能量不足以使滞后桥臂实现 ZVS。必须采用辅助电路来帮助漏感实现滞后桥臂的 ZVS,在第 3 章中将详细讨论这个问题。

2) 滞后桥臂的 ZCS

如果 0 状态处于电流复位模式,则当 Q_4 关断时,原边电流 i_p 已为零,Q_4 是零电流关断。当 Q_2 开通时,由于存在变压器漏感,原边电流不能突然增加,而是以一定的斜率增加,因此可以近似认为 Q_2 是零电流开通。这时 $v_{AB}=(-1)V_{in}$,该开关切换方式为 $0/-1$ 切换方式。同样当 Q_2 关断时,开关切换方式为 $0/+1$ 切换方式,其工作原理完全类似。

从上面的分析中,可以得到如下结论:①在电流复位模式下,滞后桥臂实现 ZCS;②滞后桥臂开关管两端不能并联电容,否则在开关管开通时,其并联电容上的电压不为零,并联电容的能量将全部消耗在开关管中,而且还会在开关管中产生很大的电流尖峰,可能造成开关管的损坏;③在 0 状态时,原边电流 i_p 回到零后,不能反方向增加。在图 2.7 中,如果 i_p 减小到零后反向增加,i_p 将流过 Q_3 和 D_4。当 Q_4 关断时,Q_4 是零电流/零电压关断。但是当 Q_2 开通时,D_4 立即关断。由于 D_4 存在反向恢复问题,将会出现很大的反向恢复电流,此时 Q_2 就会产生很大的开通电流尖峰,容易损坏开关管。因此,如果 i_p 减小到零后反向增加,将使 Q_2 失去零电流开通的条件。

2.3　全桥变换器的 PWM 软开关实现原则

根据前面的讨论,可以得到以下结论。

(1) 全桥变换器有九种 PWM 控制方式。

(2) 在九种控制方式中,根据斜对角的两只开关管的关断情况,可分为两类方式:一类是斜对角的两只开关管同时关断;另一类是斜对角的两只开关管的关断时间相互错开,一只先关断,一只后关断。

(3) 如果斜对角的两只开关管同时关断,则出现 $+1/-1$ 和 $-1/+1$ 的切换方式,不能实现软开关。因此控制方式一~控制方式三不能实现软开关。

(4) 当斜对角的两只开关管的关断时间相互错开,一只先关断,一只后关断,即引入超前桥臂和滞后桥臂的概念,就可以实现软开关。控制方式四~控制方式九可以实现软开关。

(5) 超前桥臂的开关是 $+1/0$ 和 $-1/0$ 切换方式,只能实现 ZVS,而且容易实现 ZVS。

(6) 0 状态可以有两种工作模式:电流恒定模式和电流复位模式。在恒流模式中,滞后桥臂实现 ZVS,由于它是 $0/-1$ 和 $0/+1$ 切换方式,其实现 ZVS 比超前桥臂要困难一些;在电流复位模式中,滞后桥臂实现 ZCS。

(7) 无论是超前桥臂还是滞后桥臂,为了实现 ZVS,有必要在开关管两端并联电容。

(8) 对于滞后桥臂,为了实现 ZCS,不能在开关管两端并联电容。

2.4 全桥变换器的两类 PWM 软开关方式

从上面的分析可知:要实现全桥变换器的 PWM 软开关,必须引入超前桥臂和滞后桥臂的概念,超前桥臂只能实现 ZVS,而滞后桥臂可以实现 ZVS 或 ZCS。根据超前桥臂和滞后桥臂实现软开关的方式,可以将全桥变换器的 PWM 软开关方式分为两类:①ZVS 方式,即 0 状态工作在恒流模式,超前桥臂和滞后桥臂均实现 ZVS;②ZVZCS 方式,即 0 状态工作在电流复位模式,超前桥臂实现 ZVS,滞后桥臂实现 ZCS。

本章小结

本章系统地提出了全桥变换器的一族共九种 PWM 控制方式。这些控制方式可以分为两类开关切换方式:一类是斜对角的两只开关管同时关断,不可以实现开关管的软开关;另一类是斜对角的两只开关管的关断时间相互错开,一只先关断,一只后关断,可以实现开关管的软开关,由此引入超前桥臂和滞后桥臂的概念。超前桥臂只能实现 ZVS,滞后桥臂可以实现 ZVS 或 ZCS。根据超前桥臂和滞后桥臂实现软开关的方式,可以将全桥变换器的 PWM 软开关方式分为两类:ZVS 方式和 ZVZCS 方式。在 ZVS 方式中,超前桥臂和滞后桥臂均实现 ZVS;在 ZVZCS 方式中,超前桥臂实现 ZVS,滞后桥臂实现 ZCS。

第 3 章
零电压开关 PWM 全桥变换器

第 2 章已经指出,全桥变换器的 PWM 软开关方式分为两类:①ZVS 方式,即 0 状态工作在恒流模式,超前桥臂和滞后桥臂均实现 ZVS;②ZVZCS 方式,即 0 状态工作在电流复位模式,超前桥臂实现 ZVS,滞后桥臂实现 ZCS。本章分析 ZVS PWM 全桥变换器的电路拓扑及控制方式,并以移相控制方式为例,分析最基本的 ZVS PWM 全桥变换器的工作原理、零电压开关的实现条件、占空比丢失等。

3.1　ZVS PWM 全桥变换器电路拓扑及控制方式

3.1.1　滞后桥臂的控制方式

根据第 2 章的讨论,为了实现滞后桥臂 Q_2 和 Q_4 的零电压关断,需要在开关管两端并联电容。由于电容的存在,开关管是零电压关断的。现在我们所关心的是开关管的开通情况。

参考图 3.1 和图 3.2,在 t_0 时刻之前,Q_1 和 Q_4 导通,原边电流 i_p 流经 Q_1 和 Q_4。在 t_0 时刻,超前桥臂开关管 Q_1 零电压关断后,Q_3 的反并二极管 D_3 导通,变换器工作在 0 状态,$v_{AB}=0$,i_p 流经 D_3 和 Q_4。延迟一段时间后,如果在 $[t_0,t_1]$ 时段中的 t_x 时刻关断滞后桥臂开关管 Q_4,i_p 就会给 C_4 充电,同时给 C_2 放电。当 C_4 的电压上升到 V_{in} 时,Q_2 的反并二极管 D_2 导通,此时 $v_{AB}=-V_{in}$,i_p 流经 D_3 和 D_2,变换器出现 0/−1 切换。原边电流 i_p 开始减小,并且减小到零,如图 3.2 中 i_p 波形的虚线所示。如果不在 i_p 减小到零之前开通 Q_2,那么当 i_p 减小到零后,变压器漏感 L_{lk} 将会与 C_2 和 C_4 谐振,使 i_p 反向流动,而 C_4 开始放电,C_2 开始充电,从而使 Q_2 失去零电压开通的条件。i_p 减小到零的时间与负载有关,负载越小,i_p 减小到零的时间越短,可能在 t_1 时刻之前,而 Q_2 只能在 t_1 时刻开通。为了在任意负载下,Q_2 能够在 t_1 时刻实现零电压开通,Q_4 的关断时间必须向后延迟到 t_1 时刻。因此滞后桥臂只能将其开通时间向后增加到 $T_s/2$,如图 3.2 所示。

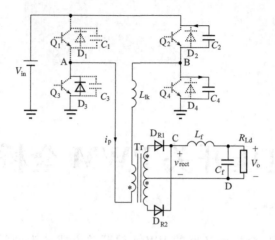

图 3.1　滞后桥臂的开关情况

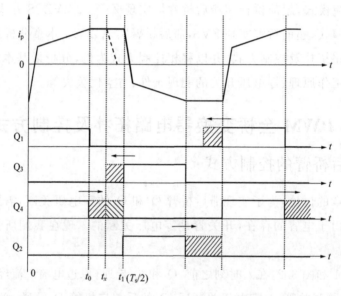

图 3.2　ZVS 方式

3.1.2　超前桥臂的控制方式

与滞后桥臂一样,在超前桥臂开关管两端并联电容实现其 ZVS。由于电容的存在,开关管是零电压关断的。我们所关心的同样是开关管的开通情况。

参考图 3.2 和图 3.3,当超前桥臂的 Q_1 在 t_0 时刻零电压关断后,必须在另外一只开关管 Q_3 的反并二极管 D_3 导通时开通 Q_3,Q_3 才是零电压开通。由于 Q_1 关断后到 Q_4 关断前的 $[t_0,t_1]$ 时段,变换器工作在 0 状态。而为了实现滞后桥臂的 ZVS,0 状态为恒流模式,即原边电流保持恒定。在 0 状态中,原边电流一直流过 D_3,如图 3.3 所示。即使开通 Q_3,Q_3 中也不会流过电流。因此 Q_3 的开通时刻可以在 $[t_0,t_1]$ 时段的任何时刻,也就是说,Q_3 的开通时间可以有三种方式,即①不增加开通时间;②向前增加一段时间;③向前增加到 $T_s/2$。

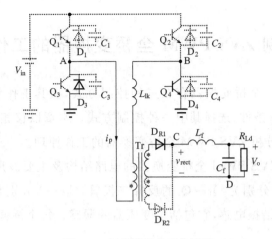

图 3.3 超前桥臂的开关情况

3.1.3 ZVS PWM 全桥变换器的控制方式

从上面的讨论可知:超前桥臂的导通时间可以有三种方式,而滞后桥臂的导通时间只有一种方式,即将导通时间向后增加到使导通时间为 $T_s/2$。这样,ZVS PWM 全桥变换器的控制方式有三种,即第 2 章所提出的控制方式七、控制方式八和控制方式九,为了叙述的完整性,在这里重新给出其示意图,如图 3.4 所示。

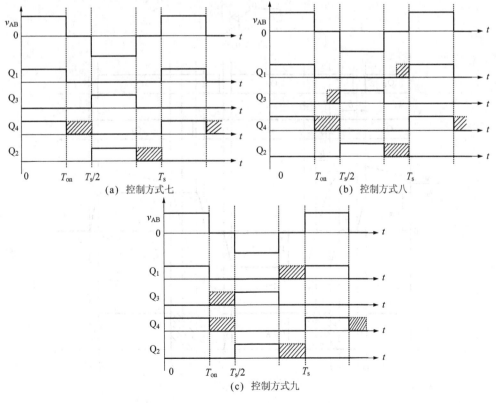

图 3.4 ZVS PWM 全桥变换器的控制方式

3.2 移相控制 ZVS PWM 全桥变换器的工作原理

尽管 ZVS PWM 全桥变换器存在三种控制方式,但其工作原理本质是一样的。设计者可以根据已有条件,选择其中一种控制方式。本章以移相控制(Phase-Shifted Control)方式为例,分析 ZVS PWM 全桥变换器的工作原理。

图 3.5 给出了 ZVS PWM 全桥变换器的电路结构及主要波形。其中,$Q_1 \sim Q_4$ 为四只开关管,$D_1 \sim D_4$ 分别为 $Q_1 \sim Q_4$ 的反并二极管,$C_1 \sim C_4$ 分别是 $Q_1 \sim Q_4$ 的寄生电容或外接电容;L_r 是谐振电感,它包括了变压器的漏感。每个桥臂的两个开关管均为

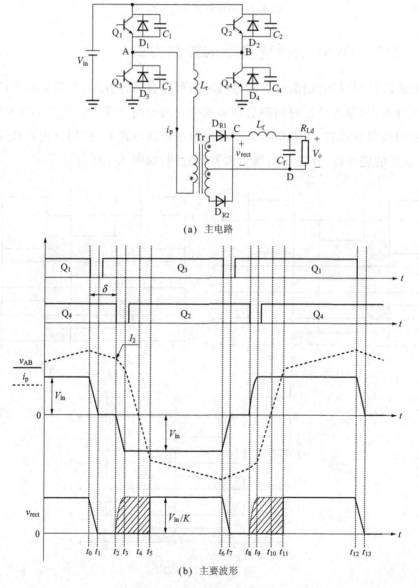

(a) 主电路

(b) 主要波形

图 3.5 主电路及主要波形

180°互补导通,两个桥臂相应开关管的驱动信号之间相差一个相位,即移相角,通过调节移相角的大小来调节输出电压。这里,Q_1 和 Q_3 的驱动信号分别超前于 Q_4 和 Q_2 的驱动信号,因此称 Q_1 和 Q_3 组成的桥臂为超前桥臂,Q_2 和 Q_4 组成的桥臂则为滞后桥臂。在图 3.5 中,$[t_0, t_2]$ 时段所对应的相位差即为移相角 δ,其大小为 $\delta = \dfrac{t_2 - t_0}{T_s/2} \cdot 180°$。移相角 δ 越小,输出电压越高;反之,移相角 δ 越大,输出电压越低。

在一个开关周期中,移相控制 ZVS PWM 全桥变换器有 12 种开关模态,其等效电路如图 3.6 所示。在分析之前,作出如下假设:

(1) 所有开关管、二极管均为理想器件。

(2) 所有电感、电容和变压器均为理想元件。

(3) $C_1 = C_3 = C_{lead}$,$C_2 = C_4 = C_{lag}$。

(4) $L_f \gg L_r/K^2$,K 是变压器原副边匝比。

图 3.6 给出了该变换器在不同开关模态下的等效电路。各开关模态的工作情况描述如下。

1. 开关模态 0,t_0 时刻,对应图 3.6(a)

在 t_0 时刻之前,Q_1 和 Q_4 导通。原边电流 i_p 由电源正经 Q_1、谐振电感 L_r、变压器原边绕组以及 Q_4,最后回到电源负。副边电流回路是:上面副边绕组的正端,经整流管 D_{R1}、输出滤波电感 L_f、输出滤波电容 C_f 与负载 R_{Ld},回到上面副边绕组的负端。

2. 开关模态 1,$[t_0, t_1]$,对应图 3.6(b)

在 t_0 时刻关断 Q_1,i_p 从 Q_1 中转移到 C_3 和 C_1 支路中,给 C_1 充电,同时 C_3 被放电。由于有 C_3 和 C_1,Q_1 是零电压关断。在这个时段里,谐振电感 L_r 和滤波电感 L_f 是串联的,而且 L_f 很大,因此可以认为 i_p 近似不变,类似于一个恒流源。这样 i_p 和电容 C_1、C_3 的电压为

$$i_p(t) = I_p(t_0) = I_1 \tag{3.1}$$

$$v_{C1}(t) = \frac{I_1}{2C_{lead}}(t - t_0) \tag{3.2}$$

$$v_{C3}(t) = V_{in} - \frac{I_1}{2C_{lead}}(t - t_0) \tag{3.3}$$

在 t_1 时刻,C_3 的电压下降到零,Q_3 的反并二极管 D_3 自然导通,从而结束开关模态 1。该模态的时间为

$$t_{01} = 2C_{lead}V_{in}/I_1 \tag{3.4}$$

3. 开关模态 2,$[t_1, t_2]$,对应图 3.6(c)

D_3 导通后,开通 Q_3。虽然这时候 Q_3 被开通,但 Q_3 并没有电流流过,i_p 由 D_3 流通。由于是在 D_3 导通时开通 Q_3,所以 Q_3 是零电压开通。Q_3 和 Q_1 驱动信号之间的死区时

间 $t_{d(lead)} > t_{01}$，即

$$t_{d(lead)} > 2C_{lead}V_{in}/I_1 \qquad\qquad (3.5)$$

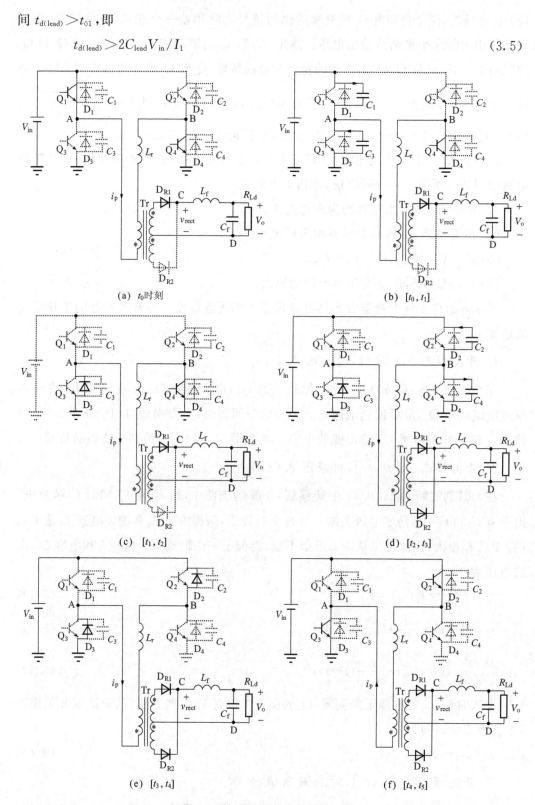

(a) t_0 时刻

(b) $[t_0, t_1]$

(c) $[t_1, t_2]$

(d) $[t_2, t_3]$

(e) $[t_3, t_4]$

(f) $[t_4, t_5]$

图 3.6　各种开关状态的等效电路

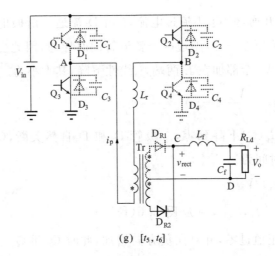

(g) [t_5, t_6]

续图 3.6

在这段时间里，i_p 等于折算到原边的滤波电感电流，即

$$i_p(t) = i_{Lf}(t)/K \tag{3.6}$$

在 t_2 时刻，i_p 下降到 I_2。

4. 开关模态 3，[t_2, t_3]，对应图 3.6(d)

在 t_2 时刻，关断 Q_4，i_p 由 C_2 和 C_4 两条路径提供，也就是说，i_p 用来抽走 C_2 上的电荷，同时又给 C_4 充电。由于 C_2 和 C_4 的存在，Q_4 是零电压关断。此时 $v_{AB} = -v_{c4}$，v_{AB} 的极性自零变为负，变压器副边绕组电势变为下正上负，这时整流二极管 D_{R2} 导通，下面的副边绕组中开始流过电流。由于整流管 D_{R1} 和 D_{R2} 同时导通，使得变压器副边绕组电压为零，原边绕组电压也相应为零，v_{AB} 直接加在谐振电感 L_r 上。因此在这段时间里，实际上是 L_r 和 C_2、C_4 在谐振工作，i_p 和电容 C_2、C_4 的电压分别为

$$i_p(t) = I_2 \cos\omega_1(t - t_2) \tag{3.7}$$

$$v_{C4}(t) = Z_1 I_2 \sin\omega_1(t - t_2) \tag{3.8}$$

$$v_{C2}(t) = V_{in} - Z_1 I_2 \sin\omega_1(t - t_2) \tag{3.9}$$

其中，$Z_1 = \sqrt{L_r/(2C_{lag})}$，$\omega_1 = 1/\sqrt{2L_r C_{lag}}$。

在 t_3 时刻，当 C_4 的电压上升到 V_{in}，D_2 自然导通，结束这一开关模态。开关模态 3 的持续时间为

$$t_{23} = \frac{1}{\omega_1}\arcsin\frac{V_{in}}{Z_1 I_2} \tag{3.10}$$

5. 开关模态 4，[t_3, t_4]，对应图 3.6(e)

在 t_3 时刻，D_2 自然导通，将 Q_2 的电压箝在零位，此时就可以开通 Q_2，Q_2 是零电压开通。Q_2 和 Q_4 驱动信号之间的死区时间 $t_{d(lag)} > t_{23}$，即

$$t_{d(lag)} > \frac{1}{\omega_1}\arcsin\frac{V_{in}}{Z_1 I_2} \tag{3.11}$$

虽然此时 Q_2 已开通,但 Q_2 不流过电流,i_p 由 D_2 流通。谐振电感的储能回馈给输入电源。与上一开关模态一样,副边两个整流管同时导通,因此变压器原副边绕组电压均为零,电源电压 V_{in} 全部加在 L_r 两端,i_p 线性下降,其大小为

$$i_p(t) = I_p(t_3) - \frac{V_{in}}{L_r}(t-t_3) \tag{3.12}$$

到 t_4 时刻,i_p 从 $I_p(t_3)$ 下降到零,二极管 D_2 和 D_3 自然关断,Q_2 和 Q_3 中将流过电流。开关模态 4 的时间为

$$t_{34} = L_r I_p(t_3) / V_{in} \tag{3.13}$$

6. 开关模态 5,$[t_4, t_5]$,对应图 3.6(f)

在 t_4 时刻,i_p 由正值过零,并且向负方向增加,此时 Q_2 和 Q_3 为 i_p 提供通路。由于 i_p 仍不足以提供负载电流,负载电流仍由两个整流管提供回路,因此原边绕组电压仍然为零,加在谐振电感两端电压是 V_{in},i_p 反向增加,其大小为

$$i_p(t) = -\frac{V_{in}}{L_r}(t-t_4) \tag{3.14}$$

到 t_5 时刻,原边电流达到折算到原边的负载电流 $-I_{Lf}(t_5)/K$,该开关模态结束。此时,整流管 D_{R1} 关断,D_{R2} 流过全部负载电流。开关模态 5 的持续时间为

$$t_{45} = \frac{L_r I_{Lf}(t_5)/K}{V_{in}} \tag{3.15}$$

7. 开关模态 6,$[t_5, t_6]$,对应图 3.6(g)

在这段时间里,电源给负载供电,原边电流为

$$i_p(t) = -\frac{V_{in} - K V_o}{L_r + K^2 L_f}(t-t_5) \tag{3.16}$$

因为 $L_r \ll K^2 L_f$,式(3.16)可简化为下式:

$$i_p(t) = -\frac{\dfrac{V_{in}}{K} - V_o}{K L_f}(t-t_5) \tag{3.17}$$

在 t_6 时刻,Q_3 关断,变换器开始另一半个周期的工作,其工作情况类似于上述的半个周期。

3.3　两个桥臂实现 ZVS 的差异

3.3.1　实现 ZVS 的条件

由 3.2 节的分析可以知道,要实现开关管的零电压开通,必须有足够的能量来抽走将要开通的开关管的结电容(或外部附加电容)上的电荷,并且给同一桥臂关断的开关管的结电容(或外部附加电容)充电;同时,考虑到变压器的原边绕组电容,还要一部分能量来抽走变压器原边绕组寄生电容 C_{TR} 上的电荷。也就是说,必须满足下

式：

$$E > \frac{1}{2}C_i V_{in}^2 + \frac{1}{2}C_i V_{in}^2 + \frac{1}{2}C_{TR}V_{in}^2 = C_i V_{in}^2 + \frac{1}{2}C_{TR}V_{in}^2 \qquad (i = \text{lead}, \text{lag})$$

$$(3.18)$$

3.3.2 超前桥臂实现 ZVS

超前桥臂容易实现 ZVS。这是因为在超前桥臂开关过程中,输出滤波电感 L_f 是与谐振电感 L_r 串联的,如图 3.6(b)所示,此时用来实现 ZVS 的能量是 L_r 和 L_f 中的能量。一般来说,L_f 很大,在超前桥臂开关过程中,其电流近似不变,类似于一个恒流源。这个能量很容易满足式(3.18)。

3.3.3 滞后桥臂实现 ZVS

滞后桥臂要实现 ZVS 比较困难。这是因为在滞后桥臂开关过程中,变压器副边是短路的,如图 3.6(d)所示。此时整个变换器就被分为两部分,一部分是原边电流逐渐改变流通方向,其流通路径由逆变桥提供;另一部分是输出滤波电感电流 i_{Lf} 由整流桥提供续流回路,不再反射到变压器原边。此时用来实现 ZVS 的能量只是谐振电感中的能量,如果不满足式(3.19),那么就无法实现 ZVS。

$$\frac{1}{2}L_r I_2^2 > C_{lag}V_{in}^2 + \frac{1}{2}C_{TR}V_{in}^2 \qquad (3.19)$$

由于输出滤波电感 L_f 不参与滞后桥臂 ZVS 的实现,而且谐振电感比折算到原边的输出滤波电感要小得多,因此较超前桥臂而言,滞后桥臂实现 ZVS 就要困难得多。

3.4 实现 ZVS 的策略及副边占空比的丢失

3.4.1 实现 ZVS 的策略

从上面的讨论中可以知道,超前桥臂容易实现 ZVS,而滞后桥臂实现 ZVS 则要困难些。只要满足条件使滞后桥臂实现 ZVS,超前桥臂就一定可以实现 ZVS。因此全桥变换器实现 ZVS 的关键在于滞后桥臂。滞后桥臂实现 ZVS 的条件就是式(3.19)。从式(3.19)中可以看出,要满足它,要么增加谐振电感 L_r,要么增加 I_2。

1. 增加励磁电流

对于一定的谐振电感 L_r,必须有一个最小的 I_2 值 I_{2min} 来保证谐振电感 L_r 中的能量 $\frac{1}{2}L_r I_{2min}^2$ 能实现 ZVS。文献[15]提出了用增加变压器励磁电流 I_m 的办法来实现 ZVS,实质上就是提高 I_{2min}。

由于增加了励磁电流 I_m,那么原边电流在负载电流的基础上多了一份励磁电流,因而其最大电流值增大了,也使通态损耗加大。同时,励磁电流的增大,使变压器损耗增大了。因此在励磁电流的选取上,应充分考虑器件和变压器损耗。

2. 增大谐振电感

由于励磁电流与负载无关,因而在轻载时,变换器的效率很低。实现 ZVS 的另一种方式就是增加谐振电感。在一定的负载范围内实现 ZVS,可以知道一个最小的负载电流,根据这个电流,忽略励磁电流,可得到 I_2 的最小值 I_{2min},利用式(3.19)计算出所需的最小谐振电感。

3.4.2 副边占空比的丢失

副边占空比的丢失是 ZVS PWM 全桥变换器的一个特有现象。所谓副边占空比丢失,就是说副边的占空比 D_{sec} 小于原边的占空比 D_p,即 $D_{sec} < D_p$,其差值就是副边占空比丢失 D_{loss},即

$$D_{loss} = D_p - D_{sec} \tag{3.20}$$

产生副边占空比丢失的原因是:存在原边电流从正向(或负向)变化到负向(或正向)负载电流的时间,即图 3.5 中的 $[t_2, t_5]$ 和 $[t_8, t_{11}]$ 时段。在这段时间里,虽然原边有正电压方波(或负电压方波),但原边不足以提供负载电流,副边整流桥的所有二极管导通,输出滤波电感电流处于续流状态,输出整流后的电压 v_{rect} 为零。这样副边就丢失了 $[t_2, t_5]$ 和 $[t_8, t_{11}]$ 这部分电压方波,如图 3.5 中的阴影部分所示。丢失的这部分电压方波的时间与二分之一开关周期的比值就是副边占空比丢失 D_{loss},即

$$D_{loss} = \frac{t_{25}}{T_s/2} \tag{3.21}$$

由于 t_{23} 很短,可以忽略,而

$$t_{35} = \frac{L_r[I_2 + I_{Lf}(t_5)/K]}{V_{in}} \tag{3.22}$$

假设输出滤波电感很大,其电流脉动较小,则 $I_{Lf}(t_5) = I_o$,$I_2 = I_o/K$,那么有

$$D_{loss} = \frac{2L_r \cdot 2I_o/K}{T_s V_{in}} = \frac{4L_r I_o f_s}{K V_{in}} \tag{3.23}$$

从式(3.23)中可以知道,① L_r 越大,D_{loss} 越大;②负载越大,D_{loss} 越大;③ V_{in} 越低,D_{loss} 越大。

D_{loss} 的产生使 D_{sec} 减小,为了得到所要求的输出电压,就必须减小变压器原副边匝比 K。而匝比的减小,带来两个问题:①原边的电流增加,开关管的电流峰值要增加,通态损耗加大;②副边整流桥的耐压值要增加。为了减小 D_{loss},提高 D_{sec},可以采用饱和电感的办法[19],就是将谐振电感 L_r 改为饱和电感,但还是存在 D_{loss}。

3.5 整流二极管的换流情况

在 ZVS PWM 全桥变换器中,变压器在$[t_2,t_5]$时间里工作在短路状态,本节讨论在这个特殊的工作状态下整流二极管的换流情况[13]。在第 1 章中已指出,全桥变换器的输出整流电路有全波整流电路、全桥整流电路和倍流整流电路。当输出电压比较高、输出电流比较小时,一般采用全桥整流电路。当输出电压比较低、输出电流比较大时,为了减小整流桥的通态损耗,提高变换器的效率,一般选用全波整流电路。而当输出电压较低、输出电流很大时,为了简化变压器的结构和方便滤波电感的绕制,减小整流桥的通态损耗,可以选用倍流整流电路。下面讨论全桥整流电路和全波整流电路的二极管的换流情况。

3.5.1 全桥整流电路

在$[t_2,t_5]$时间里,由于所有整流管同时导通,将变压器的副边电压箝在零位,这时变压器的原边电压也为零。这样原边电流与副边无关,仅仅取决于电源电压和谐振电感的大小。图 3.7 是全桥整流电路的电路结构及各整流二极管的电流波形。

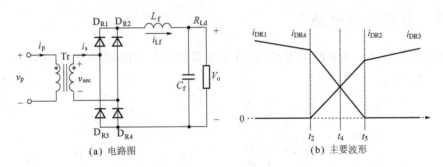

图 3.7 全桥整流电路

在t_2时刻,负载电流流经 D_{R1} 和 D_{R4}。在$[t_2,t_5]$时段里,变压器原边电流 i_p 减小,其副边电流 i_s 也减小,小于输出滤波电感电流,即 $i_s < i_{Lf}$,不足以提供负载电流。此时,D_{R2} 和 D_{R3} 导通,为负载提供不足部分的电流。各个电流的关系式为

$$i_{DR1} + i_{DR2} = i_{Lf} \tag{3.24}$$

$$i_{DR2} + i_s = i_{DR4} \tag{3.25}$$

一般 $D_{R1} \sim D_{R4}$ 是同一型号的器件,而 D_{R1} 和 D_{R4}、D_{R2} 和 D_{R3} 的工作情况是一样的,即

$$i_{DR1} = i_{DR4} \tag{3.26}$$

$$i_{DR2} = i_{DR3} \tag{3.27}$$

变压器的原副边电流关系式为

$$i_p = i_s / K \tag{3.28}$$

根据式(3.24)~式(3.28),可以得出四只整流二极管的电流表达式为

$$i_{DR1} = i_{DR4} = (i_{Lf} + K i_p)/2 \tag{3.29}$$

$$i_{DR2} = i_{DR3} = (i_{Lf} - K i_p)/2 \tag{3.30}$$

根据上面两式,可以知道整流管的换流情况:

(1) $[t_2, t_4]$时段,$i_p > 0$,D_{R1} 和 D_{R4} 中流过的电流大于 D_{R2} 和 D_{R3} 流过的电流,即

$$i_{DR1} = i_{DR4} > i_{DR2} = i_{DR3} \tag{3.31}$$

(2) 在 t_4 时刻,$i_p = 0$,四个整流管中流过的电流相等,均为负载电流的一半,即

$$i_{DR1} = i_{DR4} = i_{DR2} = i_{DR3} = i_{Lf}/2 \tag{3.32}$$

(3) $[t_4, t_5]$时段,$i_p < 0$,D_{R1} 和 D_{R4} 中流过的电流小于 D_{R2} 和 D_{R3} 流过的电流,即

$$i_{DR1} = i_{DR4} < i_{DR2} = i_{DR3} \tag{3.33}$$

(4) 在 t_5 时刻,$i_p = -i_{Lf}/K$,D_{R2} 和 D_{R3} 流过全部负载电流,D_{R1} 和 D_{R4} 的电流为零,即

$$i_{DR2} = i_{DR3} = i_{Lf} \tag{3.34}$$

$$i_{DR1} = i_{DR4} = 0 \tag{3.35}$$

此时,D_{R1} 和 D_{R4} 关断,D_{R2} 和 D_{R3} 承担全部负载电流,从而完成了整流二极管的换流过程。

3.5.2 全波整流电路

图 3.8 是全波整流电路的电路图,各个电流的参考方向如图所示,这样有

$$i_{s1} = i_{DR1} \tag{3.36}$$

$$i_{s2} = -i_{DR2} \tag{3.37}$$

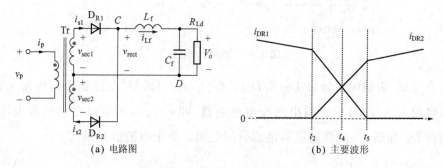

(a) 电路图　　　　　　　　　　　(b) 主要波形

图 3.8　全波整流电路

在 t_2 时刻,负载电流流经 D_{R1}。在$[t_2, t_5]$时段里,变压器原边电流减小,其副边绕组 1 的电流也减小,小于输出滤波电感电流,即 $i_{s1} < i_{Lf}$,不足以提供负载电流,此时 D_{R2} 导通,由副边绕组 2 为负载提供不足部分的电流,即

$$i_{DR1} + i_{DR2} = i_{Lf} \tag{3.38}$$

对于全波整流方式,变压器有两个副边绕组,其原副边绕组的电流关系为

$$i_{s1} + i_{s2} = Ki_p \tag{3.39}$$

由式(3.36)~式(3.39)可以解出各个电流的表达式如下：

$$i_{s1} = (i_{Lf} + Ki_p)/2 \tag{3.40}$$

$$i_{s2} = -(i_{Lf} - Ki_p)/2 \tag{3.41}$$

$$i_{DR1} = (i_{Lf} + Ki_p)/2 \tag{3.42}$$

$$i_{DR2} = (i_{Lf} - Ki_p)/2 \tag{3.43}$$

根据式(3.42)和式(3.43)，可以知道整流管的换流情况：

(1) $[t_2, t_4]$ 时段，$i_p > 0$，流过 D_{R1} 的电流大于流过 D_{R2} 的电流，即

$$i_{DR1} > i_{DR2} \tag{3.44}$$

(2) 在 t_4 时刻，$i_p = 0$，两个整流管中流过的电流相等，均为负载电流的一半，即

$$i_{DR1} = i_{DR2} = i_{Lf}/2 \tag{3.45}$$

(3) $[t_4, t_5]$ 时段，$i_p < 0$，D_{R1} 中流过的电流小于 D_{R2} 中流过的电流，即

$$i_{DR1} < i_{DR2} \tag{3.46}$$

(4) 在 t_5 时刻，$i_p = -i_{Lf}/K$，D_{R2} 中流过全部负载电流，D_{R1} 中的电流为零，即

$$i_{DR2} = i_{Lf} \tag{3.47}$$

$$i_{DR1} = 0 \tag{3.48}$$

此时，D_{R1} 关断，D_{R2} 承担全部负载电流，从而完成整流二极管的换流过程。

3.6 仿真结果与讨论

为了验证移相控制 ZVS PWM 全桥变换器的工作原理，本节利用 Saber 软件对该变换器作了仿真分析，其参数设计及实验结果将在第 10 章详细给出。

该变换器的主要性能指标为

- 输入直流电压：$V_{in} = 310V$。
- 输出直流电压：$V_o = 54V$。
- 输出电流：$I_o = 10A$。

仿真所采用的主要元器件参数为

- Q_1(D_1 和 C_1)~Q_4(D_4 和 C_4)：IRF840。
- 谐振电感：$L_r = 24\,\mu H$。
- 变压器原副边匝比：$K = 3$。
- 输出滤波电感：$L_f = 75\,\mu H$。
- 输出滤波电容：$C_f = 3000\,\mu F$。
- 开关频率：$f_s = 100kHz$。

图 3.9 是输出 10A/54V 时的仿真波形，其中图 3.9(a)是原边电压 v_{AB}、原边电流

i_p 和副边整流后的电压 v_{rect} 波形,从中可以看出,当原边电流从正方向(或负方向)变化到负方向(或正方向)负载电流时,副边存在占空比丢失。图 3.9(b)和(c)分别给出了超前开关管 Q_1 和滞后开关管 Q_2 的驱动电压 v_{GS}、漏-源极电压 v_{DS} 和漏极电流 i_D 波形。这两个图表明,开关管是在其漏-源极电压 v_{DS} 下降到零、其反并二极管导通时开通的,因此它们均为是零电压开通。而当它们关断时,其结电容的存在,使它们是零电压关断。因此,移相控制方式实现了开关管的 ZVS。

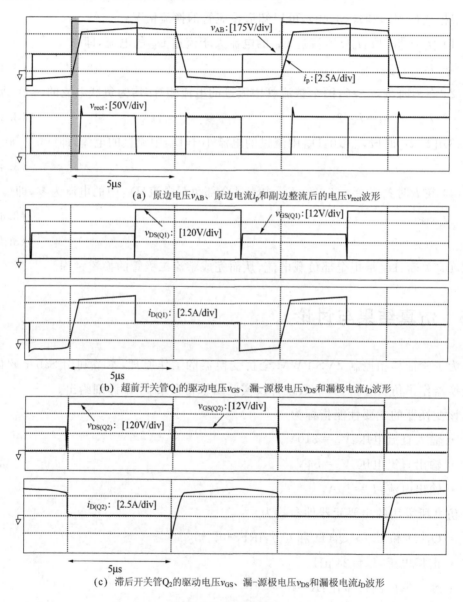

(a) 原边电压 v_{AB}、原边电流 i_p 和副边整流后的电压 v_{rect} 波形

(b) 超前开关管 Q_1 的驱动电压 v_{GS}、漏-源极电压 v_{DS} 和漏极电流 i_D 波形

(c) 滞后开关管 Q_2 的驱动电压 v_{GS}、漏-源极电压 v_{DS} 和漏极电流 i_D 波形

图 3.9　仿真波形

图 3.10 和图 3.11 分别是全桥变换器采用全桥整流电路和全波整流电路时的电压电流关系图。其中图 3.10(a)~(d)和图 3.11(a)~(d)说明在两种整流电路时,变压器的原、副边电压和电流的关系是符合变压器的基本规律的,即

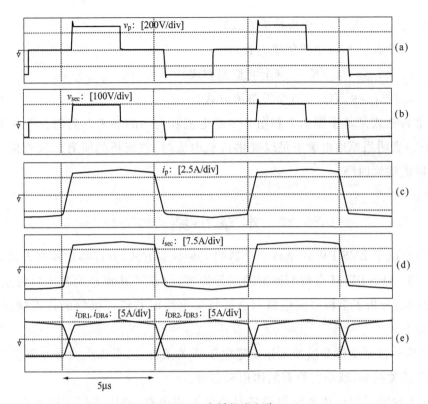

图 3.10 全桥整流电路

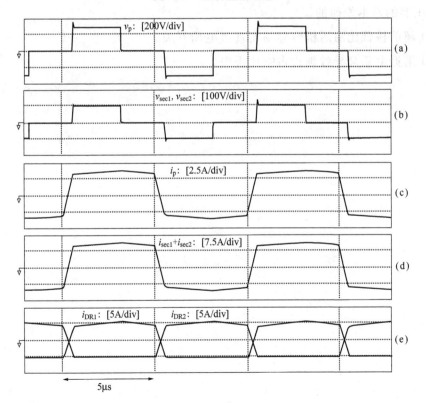

图 3.11 全波整流电路

$$v_{sec} = v_p / K \qquad (\text{全桥整流方式}) \tag{3.49}$$

$$i_{sec} = K i_p \qquad (\text{全桥整流方式}) \tag{3.50}$$

$$v_{sec1} = v_{sec2} = v_p / K \qquad (\text{全波整流方式}) \tag{3.51}$$

$$i_{sec1} + i_{sec2} = K i_p \qquad (\text{全波整流方式}) \tag{3.52}$$

上面四个表达式是基于图 3.7 和图 3.8 的电流和电压的参考方向的。图 3.10(e)和图 3.11(e)表明当原边电流不足以提供负载电流时,整流桥的所有二极管同时导通,为负载提供续流回路。

本章小结

本章给出了 ZVS PWM 全桥变换器的三种控制方式,并以移相控制方式为例,分析了基本的 ZVS PWM 全桥变换器的工作原理,讨论了其软开关的实现特点和占空比丢失现象,分析了全桥整流电路和全波整流电路时整流二极管的换流情况。得出的结论如下:

(1) 移相控制全桥变换器工作于零电压开关条件下,可以大大减小开关损耗,有利于提高开关频率,减小变换器的体积和重量。

(2) 无论是采用全桥整流电路还是全波整流电路,变压器原副边的电压电流是符合变压器的基本规律的。

(3) 超前桥臂比滞后桥臂容易实现零电压开关。

(4) 谐振电感会导致副边占空比丢失。

第4章
采用辅助电流源网络的移相控制
ZVS PWM 全桥变换器

4.1 引 言

第3章分析了基本的移相控制 ZVS PWM 全桥变换器的工作原理。在该变换器中,超前桥臂利用输出滤波电感和变压器漏感的能量来实现零电压开关(ZVS),由于输出滤波电感较大,因此超前桥臂容易实现 ZVS;滞后桥臂利用变压器漏感的能量来实现 ZVS,而漏感一般很小,因此滞后桥臂实现 ZVS 比较困难。为了实现滞后桥臂的 ZVS,可以增大漏感或在变压器原边串联一个谐振电感。但漏感的增大或串入谐振电感会导致副边占空比丢失,尤其是在输入电压最低、负载最大时,占空比丢失最严重。为了在输入电压最低、负载最大时依然得到要求的输出电压,必须减小变压器的原副边匝比,匝比的减小带来两种不利影响:①原边电流变大,使得开关管的通态损耗加大,开关管的电流定额提高;②副边整流二极管的电压应力增大。

为了减小漏感或串联的谐振电感,提高副边有效占空比,可以加入辅助电流源来帮助谐振电感实现开关管的 ZVS。本章首先提出电流增强原理,即在开关管的开关过程中,辅助电流源与主变压器原边电流同时流进或流出桥臂中点,这样两个电流同时给桥臂开关管的结电容(或并联电容)充放电,使开关管在很宽的负载范围内实现 ZVS。接着,提出由一个电感、两只电容和两只二极管组成的辅助电流源网络,并分析其工作原理。然后,将该辅助电流源网络加入到基本的 ZVS PWM 全桥变换器中,它可以使滞后桥臂在整个输入电压范围和几乎全负载范围内实现 ZVS,并且大大减小占空比丢失。本章将详细分析该变换器的工作原理,讨论其参数设计,并完成一台输出 52.8V/50A 的原理样机进行实验验证[13,20]。本章最后将介绍几种其他的辅助电流源网络。

4.2　电流增强原理

图 4.1 是基本的移相控制 ZVS PWM 全桥变换器及其主要波形,从中可看出,对于超前桥臂来说,原边电流 i_p 在 Q_3 关断时刻正流入桥臂中点 A,而在 Q_1 关断时刻正流出桥臂中点 A;对于滞后桥臂来说,原边电流 i_p 在 Q_4 关断时刻正流入桥臂中点 B,而在 Q_2 关断时正流出节点 B。如果在桥臂中点 A 和 B 分别接一个辅助电流源 i_{a1} 和 i_{a2},如图4.2所示,当超前桥臂的开关管开关时,i_{a1} 与 i_p 同时流入或流出桥臂中点 A,即 A 点电流是增强的,那么辅助电流源 i_{a1} 和 i_p 同时给超前桥臂开关管的结电容进行充放电,帮助超前桥臂在宽负载范围内实现 ZVS。类似地,当滞后桥臂的开关管开关时,i_{a2} 与 i_p 同时流入或流出桥臂中点 B,即 B 点电流是增强的,那么辅助电流源 i_{a2} 和 i_p 同时给滞后桥臂开关管的结电容进行充放电,帮助滞后桥臂在宽负载范围内实现 ZVS。在第 3 章中已指出,超前桥臂利用输出滤波电感的能量可以在很宽的负载范围内实现 ZVS,因此 A 点可不接辅助电流源 i_{a1}。

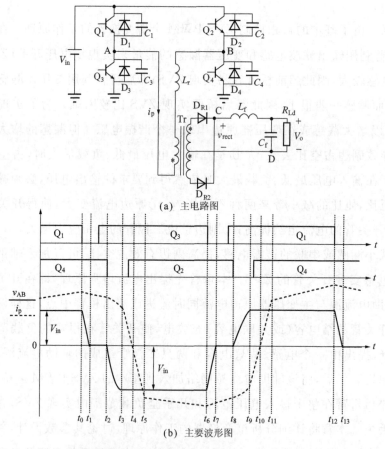

(a) 主电路图

(b) 主要波形图

图 4.1　基本的移相控制 ZVS PWM 全桥变换器及其主要波形

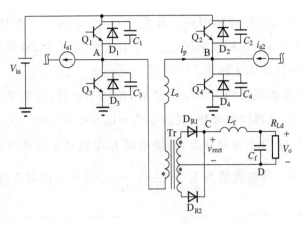

图 4.2 采用辅助电流源帮助开关管实现 ZVS

4.3 辅助电流源网络

实现辅助电流源的方法很多,图 4.3(a)给出了一种辅助电流源网络[13,20],它由辅助电感 L_a、辅助电容 C_{a1} 和 C_{a2}、辅助二极管 D_{a1} 和 D_{a2} 组成,其中 C_{a1} 和 C_{a2} 分别与 D_{a1} 和 D_{a2} 并联,这样电容 C_{a1} 和 C_{a2} 分别包括了 D_{a1} 和 D_{a2} 的结电容。辅助电感 L_a 连接到

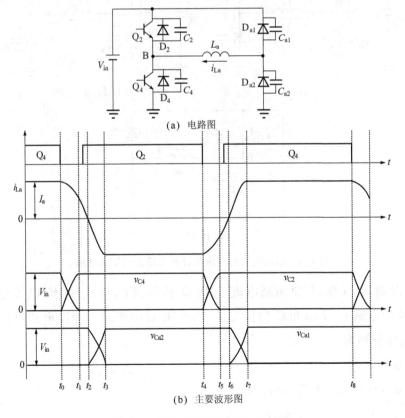

(a) 电路图

(b) 主要波形图

图 4.3 辅助电流源网络的主要波形

由开关管 Q_2 和 Q_4 组成的桥臂的中点。开关管 Q_2 和 Q_4 为 180°互补导通。图 4.3(b)给出了辅助电流源网络的主要波形图,在一个开关周期 T_s 中,辅助谐振网络有 8 个开关模态,其等效电路如图 4.4 所示。

在分析辅助电流源网络的工作原理之前,作如下假设:①所有开关管、二极管均为理想器件;②电感、电容均为理想元件;③$C_2 = C_4 = C_r$,$C_{a1} = C_{a2} = C_a$。

在 t_0 时刻之前,Q_4 处于导通状态,辅助电感 L_a 电流处于自然续流状态,流经 Q_4 和 D_{a2},如图 4.4(a)所示,其电流值为 $I_a = \dfrac{V_{in}}{\sqrt{L_a/(2C_a)}}$(这在后面将会解释)。

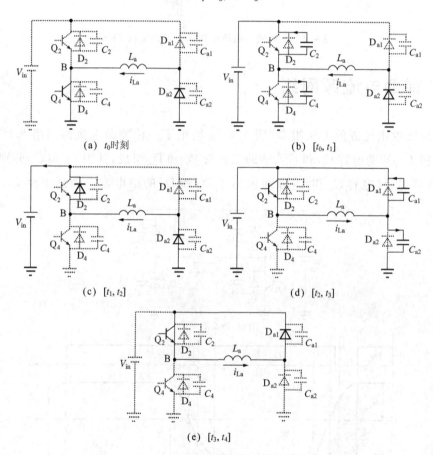

(a) t_0 时刻　　　　　　　　　　(b) $[t_0, t_1]$

(c) $[t_1, t_2]$　　　　　　　　　　(d) $[t_2, t_3]$

(e) $[t_3, t_4]$

图 4.4　辅助电流源网络各种开关模态的等效电路

在 t_0 时刻,Q_4 关断,辅助电感电流 i_{La} 从 Q_4 转移到 C_2 和 C_4 中,给 C_4 充电,同时给 C_2 放电,辅助电感 L_a 与 C_2 和 C_4 谐振工作,如图 4.4(b)所示。辅助电感电流 i_{La} 与 C_2 和 C_4 的电压分别为

$$v_{C4}(t) = I_a Z_{a1} \sin\omega_{a1}(t - t_0) \tag{4.1}$$

$$v_{C2}(t) = V_{in} - I_a Z_{a1} \sin\omega_{a1}(t - t_0) \tag{4.2}$$

$$i_{La}(t) = I_a \cos\omega_{a1}(t - t_0) \tag{4.3}$$

式中,$Z_{a1} = \sqrt{L_a/(2C_r)}$,$\omega_{a1} = 1/\sqrt{2L_aC_r}$。在 t_1 时刻,C_4 的电压上升到输入电压 V_{in},C_2

的电压下降到零,此时 D_2 导通,将 Q_2 的电压箝在零位。

D_2 在 t_1 时刻导通后,此时可以零电压开通 Q_2。辅助电感电流 i_{La} 流经 D_2 和 D_{a2},如图 4.4(c)所示。此时加在辅助电感上的电压为 $-V_{in}$,其电流线性下降,其表达式为

$$i_{La}(t) = I_{La}(t_1) - \frac{V_{in}}{L_a}(t-t_1)$$ (4.4)

在 t_2 时刻,i_{La} 下降到零。此后辅助电感 L_a 和辅助电容 C_{a1} 和 C_{a2} 谐振工作,i_{La} 反向增加,给 C_{a2} 充电,同时给 C_{a1} 放电,如图 4.4(d)所示。辅助电感电流和两只辅助电容的电压表达式分别为

$$i_{La}(t) = -\frac{V_{in}}{Z_{a2}}\sin\omega_{a2}(t-t_2)$$ (4.5)

$$v_{Ca1}(t) = V_{in}\cos\omega_{a2}(t-t_2)$$ (4.6)

$$v_{Ca2}(t) = V_{in}[1-\cos\omega_{a2}(t-t_2)]$$ (4.7)

式中,$Z_{a2} = \sqrt{L_a/(2C_a)}$,$\omega_{a2} = 1/\sqrt{2L_aC_a}$。

在 t_3 时刻,C_{a2} 的电压上升到输入电压 V_{in},C_{a1} 的电压下降到零,此时 D_{a1} 导通。持续时间 t_{23} 和 t_3 时刻辅助电感电流的表达式为

$$t_{23} = \frac{\pi}{2}\sqrt{2L_aC_a}$$ (4.8)

$$I_{La}(t_3) = -\frac{V_{in}}{Z_{a2}} = -I_a$$ (4.9)

t_3 时刻以后,Q_2 和 D_{a1} 导通,加在辅助电感 L_a 上的电压为零,i_{La} 处于自然续流状态,电流值为 $-I_a$,如图 4.4(e)所示。

在 t_4 时刻,Q_2 关断,开始另一个半周期 $[t_4, t_8]$,工作情况与 $[t_0, t_4]$ 类似。

从上面的分析可知:

(1) 辅助电感电流 i_{La} 的最大值 I_a 只与输入电压和辅助网络的特征阻抗有关,其大小为 $I_a = \dfrac{V_{in}}{\sqrt{L_a/(2C_a)}}$。

(2) 辅助电容的电压应力为输入电压 V_{in}。

(3) 辅助二极管的电压应力为 V_{in},其电流应力为 I_a。

(4) 在 Q_4(或 Q_2)关断时,辅助电感电流 i_{La} 以最大电流 I_a 流入(或流出)节点 B。

4.4 采用辅助电流源网络的 ZVS PWM 全桥变换器的工作原理

由图 4.1(a)和图 4.3(a)可知,如果将辅助电流源网络和基本的 ZVS PWM 全桥变换器并联,共用滞后桥臂,即共用 Q_2 和 Q_4,那么就可以构成图 4.5(a)所示的全桥

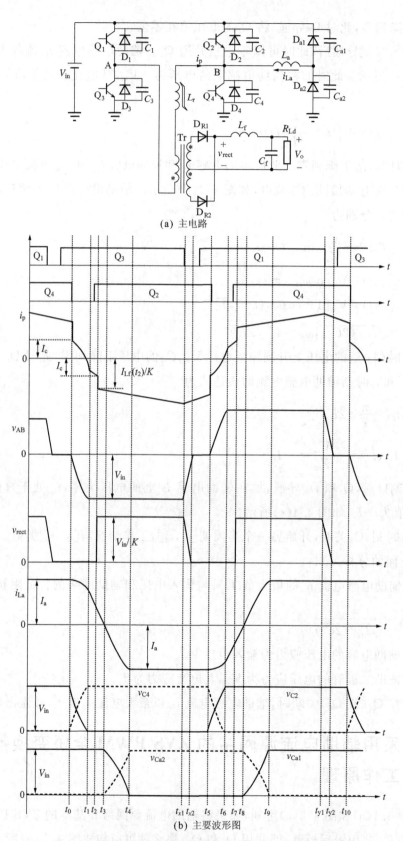

(a) 主电路

(b) 主要波形图

图 4.5　采用辅助电流源网络的全桥变换器及其主要波形

变换器。这样,当 Q_4 关断时,原边电流 i_p 和辅助电感电流 i_{La} 同时流入节点 B;而当 Q_2 关断时,i_p 和 i_{La} 同时流出节点 B。因此在开关管 Q_4 或 Q_2 关断时,原边电流和辅助电感电流同时给开关管的并联电容充放电,有利于滞后桥臂在宽负载范围内实现 ZVS。

实际上,辅助电流源网络也可以共用超前桥臂,从而利用辅助电感电流帮助超前桥臂实现 ZVS。由于超前桥臂容易实现 ZVS,因此一般不必另加辅助电流源网络。

加辅助电流源网络的 ZVS PWM 全桥变换器采用移相控制,其中 Q_1 和 Q_3 构成超前桥臂,Q_2 和 Q_4 构成滞后桥臂。L_r 采用饱和电感替代线性电感,在 Q_2 和 Q_4 开关过程中,它工作在线性状态,这样可防止开关管开关过程中原边电流向相反方向变化太快。开关管开关过程结束后,饱和电感很快进入饱和状态,使原边电流快速上升到负载电流,从而大大减小占空比丢失,提高副边有效占空比。

图 4.5(b)给出了加辅助电流源网络的 ZVS PWM 全桥变换器的主要波形,图 4.6 是各开关模态的等效电路。

在分析之前,作如下假设:①所有开关管、二极管均为理想器件;②电感、电容均为理想元件;③饱和电感在线性区电感量为 L_r,饱和状态时电感量为零,临界饱和电流为 I_c;④$C_2=C_4=C_r$,$C_{a1}=C_{a2}=C_a$;⑤变压器原副边匝比为 K。

在一个开关周期中,变换器有 10 种开关模态,描述如下:

1. 开关模态 0,t_0 时刻,对应图 4.6(a)

在 t_0 时刻,D_3 和 Q_4 导通,$v_{AB}=0$,变压器原边电流 i_p 处于续流状态。辅助电感电流 i_{La} 也处于续流状态,它流过 Q_4 和 D_{a2},电流值为 $I_{La}(t_0)=I_a$,同时 $V_{C4}(t_0)=0$,$V_{C2}(t_0)=V_{in}$,$V_{Ca1}(t_0)=V_{in}$,$V_{Ca2}(t_0)=0$。

2. 开关模态 1,$[t_0,t_1]$,对应图 4.6(b)

在 t_0 时刻,Q_4 关断,i_{La} 和 i_p 同时给 C_4 充电,给 C_2 放电,$v_{AB}=-v_{C4}$。L_r 脱离饱和,进入线性区,i_p 立即下降到临界饱和电流 I_c,并且继续下降。由于 i_p 较小,不足以提供输出滤波电感电流,此时两只输出整流二极管同时导通,使变压器原副边电压均为零。在这段时间里,各电容电压、电感电流为

$$v_{C4}(t)=Z_1(I_c+I_a)\sin\omega_1(t-t_0) \tag{4.10}$$

$$v_{C2}(t)=V_{in}-Z_1(I_c+I_a)\sin\omega_1(t-t_0) \tag{4.11}$$

$$i_p(t)=\frac{L_e}{L_r}(I_c+I_a)[\cos\omega_1(t-t_0)-1]+I_c \tag{4.12}$$

$$i_{La}(t)=\frac{L_e}{L_a}(I_c+I_a)[\cos\omega_1(t-t_0)-1]+I_a \tag{4.13}$$

式中,$L_e=\dfrac{L_r L_a}{L_r+L_a}$,$Z_1=\sqrt{L_e/(2C_r)}$,$\omega_1=1/\sqrt{2L_e C_r}$。

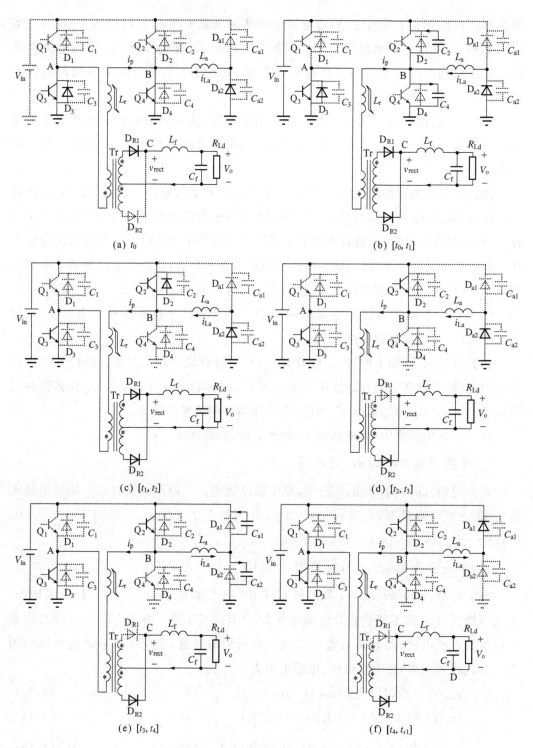

(a) t_0　　　　　　　　　　　　　　　(b) $[t_0, t_1]$

(c) $[t_1, t_2]$　　　　　　　　　　　　　(d) $[t_2, t_3]$

(e) $[t_3, t_4]$　　　　　　　　　　　　　(f) $[t_4, t_{x1}]$

图 4.6　各种开关模态下的等效电路

在 t_1 时刻，C_4 电压上升到 V_{in}，C_2 电压下降到零，D_2 自然导通，开关模态 1 结束，其持续时间为

$$t_{01} = \frac{1}{\omega_1} \arcsin \frac{V_{in}}{Z_1 (I_c + I_a)} \tag{4.14}$$

开关模式 1 结束时，L_a 和 L_r 的电流分别为

$$I_{La}(t_1) = \frac{L_e}{L_a}\sqrt{(I_c + I_a)^2 - \left(\frac{V_{in}}{Z_1}\right)^2} - \frac{L_e}{L_a}(I_c + I_a) + I_a \qquad (4.15)$$

$$I_p(t_1) = \frac{L_e}{L_r}\sqrt{(I_c + I_a)^2 - \left(\frac{V_{in}}{Z_1}\right)^2} - \frac{L_e}{L_r}(I_c + I_a) + I_c \qquad (4.16)$$

这里要说明的是，在此开关模式中，i_p 有可能已下降过零，并反方向流动［图 4.6(b)］。因此，D_3 在 i_p 下降过零时自然关断，而后 i_p 从 Q_3 中流过。

3. 开关模式 2，$[t_1, t_2]$，对应图 4.6(c)

由于 D_2 导通，此时可以零电压开通 Q_2。$v_{AB} = -V_{in}$，L_a 和 L_r 两端电压均为 $-V_{in}$，其电流均线性下降，原边电流 i_p 和辅助电感电流 i_{La} 的表达式分别为

$$i_p(t) = I_p(t_1) - \frac{V_{in}}{L_r}(t - t_1) \qquad (4.17)$$

$$i_{La}(t) = I_{La}(t_1) - \frac{V_{in}}{L_a}(t - t_1) \qquad (4.18)$$

在 t_2 时刻，L_r 的电流下降到 $-I_c$，L_r 进入饱和状态，其电流迅速下降到折算到原边的负载电流 $-I_{Lf}(t_2)/K$。

开关模式 2 的持续时间 t_{12} 为

$$t_{12} = \frac{L_r}{V_{in}}\left(\frac{I_{Lf}(t_2)}{K} + I_c\right) \qquad (4.19)$$

在 t_2 时刻，辅助电感电流大小为

$$I_{La}(t_2) = I_{La}(t_1) - \frac{L_r}{L_a}\left(\frac{I_{Lf}(t_2)}{K} + I_c\right) \qquad (4.20)$$

4. 开关模式 3，$[t_2, t_3]$，对应图 4.6(d)

在此开关模式中，Q_3 和 Q_2 导通，$v_{AB} = -V_{in}$，主功率回路给负载供电，辅助电感电流继续线性下降，其表达式为

$$i_{La}(t) = I_{La}(t_2) - \frac{V_{in}}{L_a}(t - t_2) \qquad (4.21)$$

在 t_3 时刻，i_{La} 下降到零，开关模式 3 结束，其持续时间为

$$t_{23} = L_a I_{La}(t_2)/V_{in} \qquad (4.22)$$

5. 开关模式 4，$[t_3, t_4]$，对应图 4.6(e)

从 t_3 时刻开始，L_a 与 C_{a1} 和 C_{a2} 谐振，辅助电感电流和两只辅助电容的电压的表达式分别为

$$i_{La}(t) = -\frac{V_{in}}{Z_2}\sin\omega_2(t - t_3) \qquad (4.23)$$

$$v_{a2}(t) = V_{in}[1 - \cos\omega_2(t - t_3)] \qquad (4.24)$$

$$v_{Ca1}(t) = V_{in}\cos\omega_2(t - t_3) \tag{4.25}$$

式中，$Z_2 = \sqrt{L_a/(2C_a)}$，$\omega_2 = 1/\sqrt{2L_aC_a}$。

在 t_4 时刻，C_{a2} 的电压上升到 V_{in}，C_{a1} 的电压下降到 0，D_{a1} 自然导通，辅助电感电流的大小为

$$I_{La}(t_4) = -V_{in}/Z_2 = -I_a \tag{4.26}$$

开关模态 4 的持续时间为

$$t_{34} = \frac{\pi}{2}\sqrt{2L_aC_a} \tag{4.27}$$

这段时间里，Q_3 和 Q_2 导通，$v_{AB} = -V_{in}$，主功率回路给负载供电，与辅助电流源网络无关。

6. 开关模态 5，$[t_4, t_{x1}]$，对应图 4.6(f)

在 t_4 时刻，D_{a1} 导通，把 L_a 两端电压箝在零，辅助电感电流 i_{La} 通过 Q_2 和 D_{a1} 续流，其电流值为 $-I_a$。

在 t_{x1} 时刻，Q_3 零电压关断。在 t_{x2} 时刻，D_1 自然导通，Q_1 零电压开通，$v_{AB} = 0$，原边电流 i_p 处于自然续流状态，流过 D_1 和 Q_2。这样为 t_5 时刻关断 Q_2 作了与 Q_4 关断时相似的准备，即

$$V_{C2}(t_5) = 0, V_{C4}(t_5) = V_{in}, I_{La}(t_5) = -I_a, V_{Ca1}(t_5) = 0, V_{Ca2}(t_5) = V_{in}$$

$[t_5, t_{10}]$ 是另一半个开关周期，工作情况与 $[t_0, t_5]$ 半周类似，这里不再赘叙。

从上面的分析中可以知道：

(1) 当滞后桥臂开关时，辅助电感电流 i_{La} 是以最大电流 I_a 流进或流出节点 B，帮助谐振电感实现滞后桥臂的 ZVS。

(2) 辅助电容和辅助二极管不参与滞后桥臂的开关过程，只是为辅助电感建立最大电流 I_a，因此滞后桥臂的开关过程十分简洁，便于优化设计参数，这在后面的分析将会看到。

4.5　滞后桥臂实现零电压开关的条件

从上节讨论可知，要实现滞后桥臂的 ZVS，关键在于开关模态 1，它必须满足下列三个条件，即

$$V_{C4}(t_1) = Z_1(I_c + I_a)\sin\omega_1 t_{01} = V_{in} \tag{4.28}$$

$$I_p(t_1) = \frac{L_e}{L_r}(I_c + I_a)(\cos\omega_1 t_{01} - 1) + I_c \geqslant -I_c \tag{4.29}$$

$$I_{La}(t_1) = \frac{L_e}{L_a}(I_c + I_a)(\cos\omega_1 t_{01} - 1) + I_a \geqslant 0 \tag{4.30}$$

式中，$t_{01} = t_1 - t_0$。

条件(4.28)是要求在开关模态 1 结束时,C_4 的电压上升到 V_{in},使 D_2 自然导通,为 Q_2 提供零电压开通的条件。条件(4.29)是保证在开关模态 1 结束时,饱和电感 L_r 仍然处于线性状态,不进入饱和状态,否则原边电流就会立即变化到负载电流,从而使 Q_2 失去零电压开关的条件。但是它也要接近于饱和边缘,以减小其从线性区变化到饱和区的时间,达到减小副边占空比丢失,提高副边有效占空比的目的。条件(4.30)是保证在开关模态 1 结束时辅助电感电流不改变方向,否则开关模态 1 不能成立。

一般而言,$\sin\omega_1 t_{01}$ 选择在 0.9 和 1 之间,以减小 $Z_1(I_c + I_a)$ 的值。

4.6 参数设计

这里所说的参数设计主要是指与滞后桥臂实现 ZVS 相关的主要参数,包括辅助电感 L_a 和辅助电容 C_a、饱和电感的线性区电感量 L_r 及其临界饱和电流 I_c,以及滞后桥臂开关管的并联电容 C_r。已知条件是输入电压 V_{in}、滞后桥臂开关管关断后其并联电容电压从 0 上升到 V_{in} 的时间 t_{01}、辅助电感电流最大值 I_a。

4.6.1 辅助电流源网络的参数选择

为了减小导通损耗,辅助电感电流最大值 I_a 一般选择为负载电流折算到原边的 $10\% \sim 15\%$。确定 I_a 后,就可以确定辅助电流源网络的特征阻抗值 Z_2,即

$$Z_2 = \sqrt{\frac{L_a}{2C_a}} = \frac{V_{in}}{I_a} \tag{4.31}$$

同时对辅助电流源网络的谐振周期作出限制。假设要求 L_a 的电流从 0 上升到 I_a 的时间 $\frac{\pi}{2}\sqrt{2L_a C_a}$ 在半个开关周期的 $1/N$,即

$$\frac{\pi}{2}\sqrt{2L_a C_a} = \frac{T_s}{2N} \tag{4.32}$$

那么可以由式(4.31)和式(4.32)确定 L_a 和 C_a 的值,即

$$L_a = \frac{V_{in} T_s}{I_a N \pi} \tag{4.33}$$

$$C_a = \frac{I_a}{V_{in}} \frac{T_s}{2N\pi} \tag{4.34}$$

4.6.2 L_r、C_r 和 I_c 的确定

定义

$$A_g = \sin\omega_1 t_{01} \tag{4.35}$$

那么由式(4.28)可得

$$Z_1(I_c + I_a)A_g = V_{in} \tag{4.36}$$

后面将会知道，I_c 远远小于 I_a，即 $I_c \ll I_a$，这样式(4.36)可简化为

$$Z_1 I_a A_g = V_{in} \tag{4.37}$$

将 $Z_1 = \sqrt{L_e/(2C_r)}$ 和 $I_a = V_{in}/\sqrt{L_a/(2C_a)}$ 代入式(4.37)，可得

$$\frac{L_e}{C_r} = \frac{1}{A_g^2} \frac{L_a}{C_a} \tag{4.38}$$

式(4.35)可改写为

$$\omega_1 t_{01} = \arcsin A_g \tag{4.39}$$

将 $\omega_1 = 1/\sqrt{2 L_e C_r}$ 代入式(4.39)，可得

$$L_e C_r = \frac{1}{2} \left(\frac{t_{01}}{\arcsin A_g} \right)^2 \tag{4.40}$$

由式(4.38)和式(4.40)可求得 L_e 和 C_r 的表达式，即

$$L_e = \frac{1}{\sqrt{2}} \frac{t_{01}}{A_g \arcsin A_g} \sqrt{\frac{L_a}{C_a}} \tag{4.41}$$

$$C_r = \frac{1}{\sqrt{2}} \frac{A_g t_{01}}{\arcsin A_g} \sqrt{\frac{C_a}{L_a}} \tag{4.42}$$

在求得 L_a 和 L_e 的情况下，根据 $L_e = \dfrac{L_a L_r}{L_a + L_r}$，可以求得

$$L_r = \frac{L_a L_e}{L_a - L_e} \tag{4.43}$$

同理，考虑 $I_c \ll I_a$，根据式(4.29)，可以得到

$$I_c \geqslant \frac{L_e}{2 L_r} I_a (1 - \cos \omega_1 t_{01}) = \frac{L_e}{2 L_r} \frac{V_{in}}{\sqrt{\dfrac{L_a}{2C_a}}} (1 - \sqrt{1 - A_g^2}) \tag{4.44}$$

4.6.3　设计实例

本章所设计的原理样机的主要参数为：输入直流电压 $V_{in} = 537V_{-20\%}^{+15\%}$（由三相 380V/50Hz 交流电整流滤波后得到），输出直流电压为 $V_o = 52.8V$，输出电流为 $I_o = 50A$；变压器原副边匝比为 $K = 5.5$，开关管选用 IGBT，其下降时间为 $t_f = 0.7\mu s$，为了减小 IGBT 电流拖尾造成的关断损耗，这里取 $t_{01} = 2.5 t_f = 1.75\mu s$，开关频率为 $f_s = 30kHz$。

在 $V_{in} = 537V$ 时，取 I_a 为折算到原边的输出电流的 12.5%，那么有 $I_a = 12.5\% \times 50/5.5 = 1.136$（A）。取 $N = 5$，将它们代入式(4.33)和式(4.34)，得到 $L_a = 1.003mH$，$C_a = 2.245nF$。实际取 $L_a = 910\mu H$，$C_a = 2.2nF$，那么在 $V_{in} = 537V$ 时，$I_a = 1.18A$。取 $A_g = 0.9$，将它与所取的 L_a 和 C_a 代入式(4.41)～式(4.44)，得到 $L_r = 4.808mH$，$I_c = 0.055A$，$C_r = 1.475nF$，实际取 $L_r = 5mH$，$I_c = 0.07A$，$C_r = 1.5nF$。从上述数据可以看出，$I_c \ll I_a$，这说明 4.6.2 节中的假设是成立的。

将所取的参数代入式(4.30)的左边的表达式,可得 $I_{La}(t_1)=0.684A$,它是大于零的,因此式(4.30)是成立的。

从前面的分析可以看出,只要负载电流大于 KI_c,即折算到原边的负载电流大于饱和电感的临界饱和电流值 I_c,就可以实现滞后桥臂的 ZVS。这个条件很容易满足,因为在这里 $I_c=0.07A$,只要负载电流大于 $5.5×0.07=0.385(A)$ 就可以了,该电流是满载电流 50A 的 0.77%,因此该加辅助电流源网络的全桥变换器几乎可以在全负载范围内实现滞后桥臂的 ZVS。

4.7 副边占空比丢失及死区时间的选取

本节以 4.6.3 节选取的参数来讨论加辅助电流源网络的全桥变换器的副边占空比丢失情况及滞后桥臂死区时间的选取。

4.7.1 副边占空比的丢失

副边占空比的丢失分为两部分,一部分是为了实现开关管的 ZVS,滞后桥臂 Q_2 或 Q_4 的电压从 0 上升到 V_{in} 需要一定的时间 t_{01},即开关模态 1 的持续时间。在这段时间里,原边不能给副边提供负载电流,这一部分占空比被丢失了,定义这部分丢失的占空比为 D_{loss1};另一部分是当滞后桥臂的 Q_2 或 Q_4 的电压从 0 上升到 V_{in} 后,D_4 或 D_2 已经导通,而此时饱和电感 L_r 还处于线性状态,尚未饱和,此时原边仍然不能给副边提供负载电流,这段时间就是开关模态 2 的持续时间 t_{12},其对应的占空比丢失称为 D_{loss2},其大小为 $D_{loss2}=2t_{12}/T_s$。

D_{loss1} 是不可避免的,这是实现滞后桥臂的 ZVS 所必需的。下面讨论 D_{loss2} 的大小。将所取的参数代入式(4.14)和式(4.19),可以得到整个输入电压范围内的 t_{01} 和 t_{12},如图 4.7 所示。图 4.7 中还给出了 $t_{02}=t_{01}+t_{12}$ 的曲线。从中可以看出,当输入电压从 430V 变化到 618V 时,t_{01} 从 $1.504\mu s$ 增加到 $1.555\mu s$,变化量很小;而 t_{12} 从 $0.808\mu s$ 减小到 $0.279\mu s$,所对应的 D_{loss2} 分别为 0.048 和 0.017,其值很小。这里要说明的是,t_{01} 比给定的 $1.75\mu s$ 略小一些,这是因为在参数设计时忽略了 I_c。

4.7.2 滞后桥臂死区时间的选取

为了实现滞后桥臂开关管如 Q_2 的 ZVS,必须在滞后桥臂的另一只开关管 Q_4 关断后,使其并联电容 C_4 的电压上升到输入电压 V_{in},Q_2 的反并二极管 D_2 导通,才能开通 Q_2。也就是说,在 Q_4 关断和 Q_2 开通之间有一个死区时间 t_d,t_d 应满足下面的条件:

$$t_{01} \leqslant t_d \leqslant t_{01}+t_{12}=t_{02} \tag{4.45}$$

从图 4.7 可知,随着输入电压的升高,t_{02} 是减小的。那么可选死区时间 t_d 为 t_{02} 的最小值,即输入电压最高时的 t_{02} 值,这样在输入电压变化范围内,均能实现滞后桥臂的 ZVS。

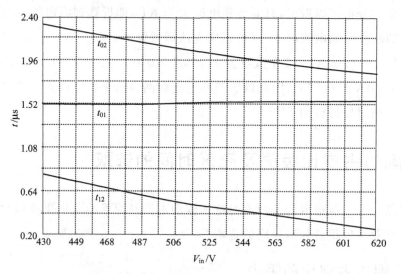

图 4.7　在不同的输入电压的 t_{01},t_{12} 和 t_{02}

4.7.3　与只采用饱和电感方案的比较

文献[19]提出了采用饱和电感取代线性电感的方案,如图 4.8 所示。在滞后桥臂开关管 Q_4(或 Q_2)关断时,有下列表达式:

$$v_{C4}(t) = \sqrt{\frac{L_r}{2C_r}} I_c \sin\omega_3 (t-t_0) \tag{4.46}$$

$$i_{Lr}(t) = I_c \cos\omega_3 (t-t_0) \tag{4.47}$$

式中,$\omega_3 = 1/\sqrt{2L_r C_r}$。在 t_1 时刻,电容 C_4 的电压上升到 V_{in}。

从式(4.46)可知,为了实现滞后桥臂的 ZVS,必须满足以下条件:

$$\sqrt{\frac{L_r}{2C_r}} I_c \geqslant V_{in} \tag{4.48}$$

显然,输入电压越高,实现滞后桥臂的 ZVS 所需的能量越大。

从式(4.16)可以看出,输入电压越高,电容 C_4 的电压从零上升到 V_{in} 所需的时间 t_{01} 越长。定义 t_{01_max} 为最高输入电压 V_{inmax} 时所对应的 t_{01}。为了跟前面的一致,假设在最高输入电压 V_{inmax} 时有

$$\sin\omega_3 t_{01\_max} = 0.9 \tag{4.49}$$

那么根据式(4.46)可得

$$\sqrt{\frac{L_r}{2C_r}} I_c = \frac{V_{inmax}}{0.9} \tag{4.50}$$

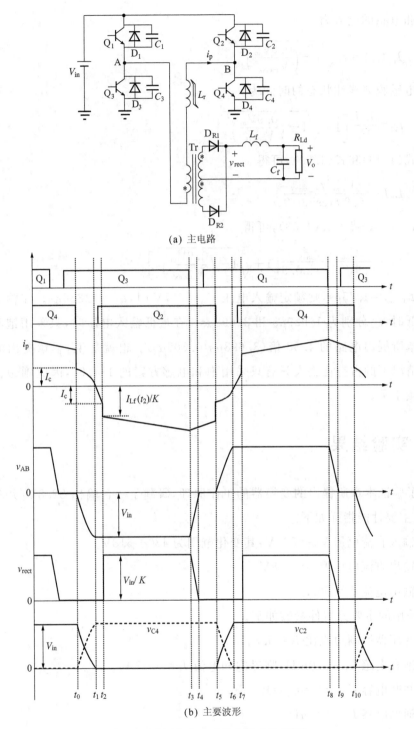

(a) 主电路

(b) 主要波形

图 4.8 采用饱和电感的全桥变换器[19]

由式(4.46)、式(4.49)和式(4.50),可以推导出在任意输入电压 V_{in} 时,电容 C_4 的电压上升到 V_{in} 的时间 t_{01} 为

$$t_{01} = t_{01\_max} \frac{\arcsin\left(\dfrac{0.9 V_{in}}{V_{inmax}}\right)}{\arcsin 0.9} \tag{4.51}$$

此时饱和电感的电流为

$$I_{Lr}(t_1) = I_c \sqrt{1 - \left(\frac{0.9V_{in}}{V_{inmax}}\right)^2} \tag{4.52}$$

则饱和电感脱离线性状态的时间为

$$t_{12} = \frac{L_r I_c}{V_{in}}\left[1 + \sqrt{1 - \left(\frac{0.9V_{in}}{V_{inmax}}\right)^2}\right] \tag{4.53}$$

由式(4.49)和式(4.50)，可得

$$L_r I_c = \frac{V_{inmax} t_{01\_max}}{0.9 \arcsin 0.9} \tag{4.54}$$

将式(4.54)代入式(4.53)，可得

$$t_{12} = \frac{V_{inmax} t_{01\_max}}{0.9 V_{in} \arcsin 0.9}\left[1 + \sqrt{1 - \left(\frac{0.9V_{in}}{V_{inmax}}\right)^2}\right] \tag{4.55}$$

取 $t_{01\_max} = 1.75\mu s$，则额定输入电压 $V_{in} = 537V$ 时，$t_{01} = 1.356\mu s$。在输入电压最高和最低时，t_{12} 分别为 $1.929\mu s$ 和 $3.698\mu s$。在最低输入电压时，只采用饱和电感的 t_{12} 是本章所提出电路的 4.58 倍（$3.698\mu s/0.808\mu s$）。也就是说，本章提出的变换器在最坏情况下的占空比丢失只有只采用饱和电感方案的 1/4.58，因此副边占空比丢失大大减小了。

4.8　实验结果

为了验证本章所提出的变换器的工作原理，研制了一台输出 52.8V/50A 的原理样机，其主要性能指标如下。

- 输入直流电压 $V_{in} = 537V$，其变化范围为 430～618V。
- 输出直流电压 $V_o = 52.8V$。
- 输出电流 $I_o = 50A$。

所采用的主要元器件参数如下。

- 变压器原副边匝比 $K = 5.5$。
- 饱和电感 $L_r = 5.0mH$，临界饱和电流 $I_c = 0.07A$。
- 并联电容 $C_2 = C_4 = C_r = 1.5nF$。
- 辅助电感 $L_a = 910\mu H$。
- 辅助电容 $C_a = 2.2nF$。
- 输出滤波电感 $L_f = 30\mu H$。
- 输出滤波电容 $C_f = 10000\mu F$。
- 开关管为 IGBT：VII50-12Q3。
- 输出整流二极管：DSEI2×61-06C。

- 开关频率 $f_s = 30\text{kHz}$。

图 4.9 给出了输出满载 50A 时的实验波形。图 4.9(a) 是变压器原边电压和原边电流波形。从图中可以看出，饱和电感在 Q_2 和 Q_4 开关过程中处于线性状态。而一

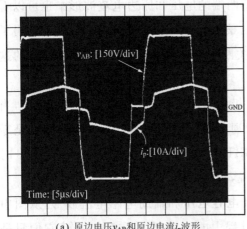

(a) 原边电压 v_{AB} 和原边电流 i_p 波形

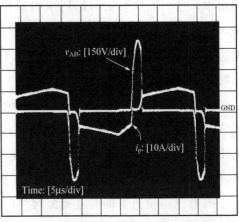

(b) 饱和电感电压 v_{Lr} 和原边电流 i_p 波形

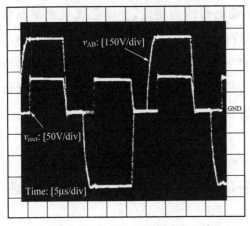

(c) 原边电压 v_{AB} 和副边整流后的电压 v_{rect} 波形

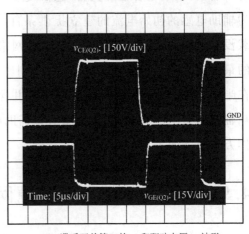

(d) 滞后开关管 Q_2 的 v_{CE} 和驱动电压 v_{GE} 波形

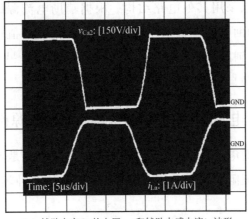

(e) 辅助电容 C_{a2} 的电压 v_{Ca2} 和辅助电感电流 i_{La} 波形

图 4.9　输出满载时的实验波形

73

且关断管的电压(v_{C4} 或 v_{C2})上升到 V_{in},饱和电感很快进入饱和状态,其电流立即上升到负载电流,不存在采用变压器原边漏感或外加谐振电感时所出现的电流上升(或下降)到负载电流的过渡时间,因而使占空比丢失大大减小,大大提高了原边占空比的利用率。这一点从图 4.9(b)所示的饱和电感两端的电压和原边电流波形中也可以看出。图 4.9(c)给出了变压器原边电压与输出整流后电压波形对比图,该图也说明了副边有效占空比近似等于原边占空比,只是关断管的电压(v_{C4} 或 v_{C2})上升到 V_{in} 的这段时间被丢失了,这是无法避免的。

图 4.9(d)是滞后桥臂一个 IGBT 的 CE 极电压和驱动波形,从图中可以看出,当 IGBT 的 CE 极电压降到零,其反并二极管导通后,才给它开通信号,因此 IGBT 是零电压开通,从而不存在开通损耗。而当该 IGBT 关断时,其 CE 极电压有一个上升时间,因此它近似实现了零电压关断。也就是说,滞后桥臂实现了 ZVS。

图 4.9(e)给出了辅助电流源网络的辅助电容电压和辅助电感电流波形,从图中可以看出,辅助电容在开关管 Q_2 和 Q_4 开关过程中电压为 V_{in},不参与工作,它们只是为辅助电感的初始电流的建立提供条件。辅助电感的初始值,亦即最大电流值与负载没有关系,只由输入电压 V_{in} 及辅助网络的特征阻抗 Z_2 有关,在本电路中,辅助电感的最大电流为 1.35A,大大小于折算到原边的负载电流。而且辅助电感电流初始值在半个周期的前 1/2 时间就可以达到并保持恒定,因而在移相角发生变化时,不会影响辅助电感电流的初始值,从而避免辅助电容参与 Q_2 和 Q_4 的开关过程,使变换器工作方式简洁明了,参数设计简单易行。

4.9　采用其他辅助电流源网络的 ZVS PWM 全桥变换器

根据 4.2 节提出的电流增强原理,除了本章提出的辅助电流源网络电路结构外,辅助电流源网络还可以采用其他电路结构。根据辅助电流源的特点,辅助电流源网络可分为以下类型:辅助电流源幅值不可控、辅助电流源幅值可控、辅助电流源幅值与原边占空比正相关、辅助电流源幅值随负载自适应变化。另外,还有辅助网络使谐振电感电流幅值随负载自适应变化。下面分别加以介绍。

4.9.1　辅助电感电流幅值不可控的辅助电流源网络

本章所提出的辅助电流源网络电路的辅助电流源幅值是不可控的,它只与输入电压和谐振元件的特征阻抗有关。图 4.10 给出了其他两种辅助电流源幅值不可控的辅助网络。

图 4.10(a)中,辅助电流源网络由辅助电感 L_a、辅助电容 C_{a1} 和 C_{a2} 组成[21]。其中,C_{a1} 和 C_{a2} 实质上是两个分压电容,其容量很大,其电压均为输入电压的一半,即

$V_{\mathrm{Ca1}}=V_{\mathrm{Ca2}}=V_{\mathrm{in}}/2$。当 Q_4 导通时,加在辅助电感 L_a 上的电压为 $V_{\mathrm{in}}/2$,使 L_a 的电流 i_{La} 线性增加;当 Q_2 导通时,加在 L_a 上的电压为 $-V_{\mathrm{in}}/2$,使 i_{La} 线性下降。i_{La} 是一个三角波,如图 4.11 所示,其幅值为 $I_a=V_{\mathrm{in}}T_s/(8L_a)$。

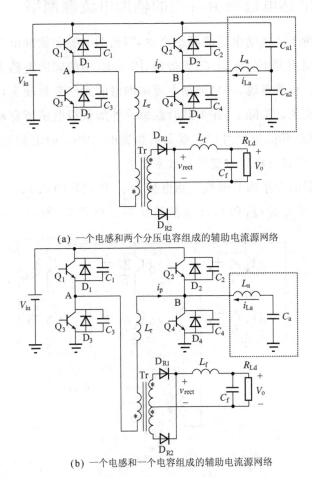

(a) 一个电感和两个分压电容组成的辅助电流源网络

(b) 一个电感和一个电容组成的辅助电流源网络

图 4.10 加入辅助电流源网络的全桥变换器

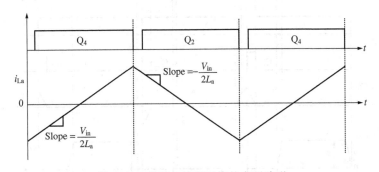

图 4.11 辅助电流源网络的主要波形

与图 4.10(a) 中的辅助电流源网络相比,图 4.10(b) 中的辅助电流源网络[22]减少了电容 C_{a1}。由于滞后桥臂的两只开关管为 $180°$ 互补导通,因此 B 点电压的平均值为 $V_{\mathrm{in}}/2$,而稳态工作时,辅助电感上的平均电压为 0,因此电容 C_a(其容量很大)起到隔直电容的作用,其电压 $V_{Ca}=V_{in}/2$。因为辅助电感的右端电压为 $V_{in}/2$,与图 4.10(a) 一样,其电流也是三角波,与图 4.11 的波形完全相同。

4.9.2　辅助电感电流幅值可控的辅助电流源网络

对于图 4.3 所示的辅助电流源网络来说,当辅助电感和辅助电容的大小确定后,辅助电感电流的幅值大小就确定了;类似地,图 4.10 中的辅助电感大小确定后,其电流幅值也确定了。也就是说,一旦辅助电流源网络的元件参数确定,其辅助电感电流幅值大小与负载无关。实际上,在重载时漏感或外加谐振电感所存储的能量较大,即使没有辅助电流源,其能量也可以实现滞后桥臂的 ZVS。而辅助电流源会使开关管导通损耗增大,在重载时将导致变换器效率降低。

为了根据负载的大小调节谐振电感电流大小,可以将图 4.10(a) 中的两只辅助电容换成两只辅助开关管 Q_{a1} 和 Q_{a2}(包括其反并二极管 D_{a1} 和 D_{a2}),如图 4.12(a) 所

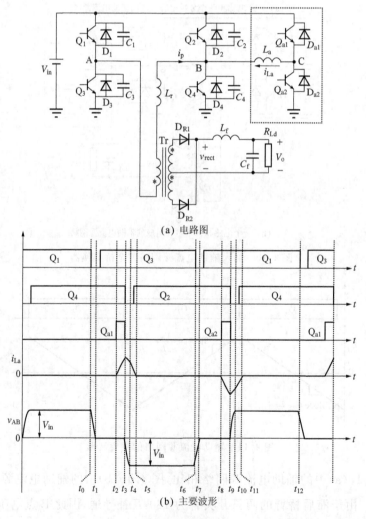

(a) 电路图

(b) 主要波形

图 4.12　加由一个电感和两个开关管组成辅助电流源网络的全桥变换器

示[23]。图 4.12(b)给出了其主要波形。当负载电流较大时,使 Q_{a1} 和 Q_{a2} 的占空比减小,由此减小辅助电感电流 i_{La} 的幅值,以减小导通损耗;反之,如果负载电流较小,则增大 Q_{a1} 和 Q_{a2} 的占空比,使 i_{La} 的幅值变大,以帮助滞后桥臂实现 ZVS。

该辅助电流源网络的优点是:①辅助电路工作时间很短,因此辅助开关管、辅助电感和滞后桥臂的通态损耗减小;②辅助电路中所有元器件的电流很小,比负载电流小得多,辅助开关管的电压应力等于 V_{in}。

该辅助网络的缺点是:①增加了两只辅助开关管,需要增加两套驱动电路,而且有一套是浮地的;②两个辅助开关管是硬关断的,存在关断损耗;③需要检测负载电流。

4.9.3 辅助电感电流幅值与原边占空比正相关的辅助电流源网络

最简单的辅助电流源网络就是一个辅助电感 L_a,它连接在两个桥臂中点之间,如图 4.13(a)所示[24]。该辅助电感可以利用变压器的励磁电感来实现,以简化电路结构。当桥臂中点间的电压 v_{AB} 为 V_{in} 时,辅助电感 L_a 的电流 i_{La} 线性增大;当 v_{AB} 为 $-V_{in}$ 时,辅助电感电流 i_{La} 线性下降;当 v_{AB} 等于 0 时,辅助电感电流 i_{La} 保持不变。图 4.13(b)

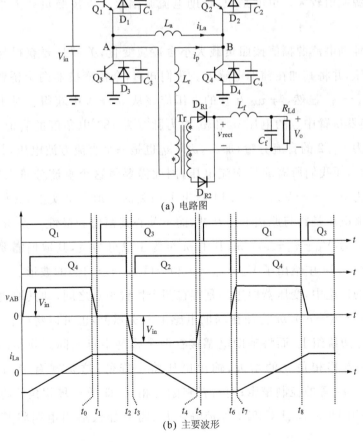

(a) 电路图

(b) 主要波形

图 4.13 在桥臂中点间加入辅助电感的全桥变换器

给出了主要波形图,从中可以看出,辅助电感电流 i_{La} 的幅值与原边占空比成正比。

在第 3 章中已分析过,漏感和/或外加谐振电感会造成副边占空比丢失,而且负载越重,占空比丢失比越大,那么所需要的原边占空比也越大,以保证输出电压恒定。而原边占空比越大,辅助电感电流幅值也越大。而在负载较重时,输出滤波电感和谐振电感存储的能量也较大,即使不加入辅助电流源,超前桥臂和滞后桥臂也可以实现 ZVS;在负载较轻时,需要较大的辅助电感电流幅值才能实现超前桥臂和滞后桥臂的 ZVS。而辅助电感电流的幅值刚好与开关管实现 ZVS 所需的辅助电感电流大小相反。如果按轻载时实现开关管的 ZVS 来选择辅助电感电流的幅值,那么重载时辅助电感电流幅值将太大,导致开关管导通损耗加大,从而使变换效率降低。

4.9.4　辅助电流源幅值自适应变化的辅助电流源网络

为了避免辅助电流源幅值在重载时大而轻载时小,可以使加在辅助电感上的电压与原边电压 v_{AB} 互补,这样这两个电压的占空比就是互补的。那么,当负载较大时,原边占空比较大,而加在辅助电感上的电压的占空比较小,因而辅助电流源幅值也较小;反之,在轻载时,原边占空比较小,则加在辅助电感上的电压的占空比较大,相应的辅助电流源幅值较大。也就是说,辅助电流源幅值可以按照负载大小进行自适应变化。

要实现辅助电流源幅值按照负载大小自适应变化,关键是要获得与原边电压互补的交流电压,并将其加在辅助电感上。我们知道,全桥变换器两个桥臂中点间的电压为 $v_{AB}=v_A-v_B$,显然,与 v_{AB} 互补的电压应该从 v_A+v_B 中获得。对于移相控制来说,全桥变换器桥臂中点的电压 v_A 和 v_B 均为脉宽为 $180°$ 电角度的直流方波电压,其中含有大小为 $V_{in}/2$ 的直流分量,那么,v_A+v_B 也是一个直流方波电压,其直流分量为 $V_{in}(=2V_{in}/2)$,而我们所需的是交流电压,因此需要将这个直流分量去掉,那么所需的交流电压为 $v_A+v_B-V_{in}$。图 4.14 给出了相关的波形。事实上,我们所关心的是所获得的交流电压是否与原边电压互补,而不关心其幅值和极性。换句话说,所获得的交流电压可为 $(V_{in}-v_A-v_B)/m$,其中 m 可为正也可为负,其取值需要根据具体电路来设定。图 4.14 中给出了 $V_{in}-v_A-v_B$ 和 $-(V_{in}-v_A-v_B)$ 的波形。

在前面的讨论中,变压器原边都是接在两个桥臂中点之间,即其原边电压为 v_{AB},那么电压 $(V_{in}-v_A-v_B)/m$ 将加在辅助电感上。实际上,也可以将 $(V_{in}-v_A-v_B)/m$ 加在变压器原边绕组上,而将辅助电感接在两个桥臂中点之间。观察图 4.14 可知,对于前者,随着移相角 δ 的增大,输出电压将会降低,这是现有专门控制芯片如 UC3875、UC3879 等的控制逻辑;而后者则刚好相反,即增大移相角 δ 将使输出电压升高,如果采用 UC3875、UC3879 等控制芯片,需要加入适当电路将其控制逻辑反过来。

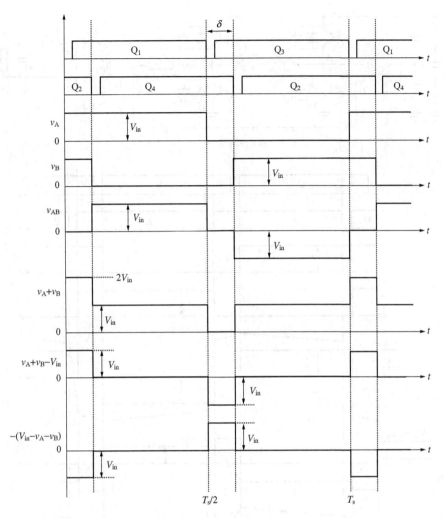

图 4.14 互补的电压波形

下面讨论变压器原边绕组电压分别为 v_{AB} 和 $(V_{in}-v_A-v_B)/m$ 的辅助电流源幅值自适应变化的全桥变换器。

1. 变压器原边绕组电压为 v_{AB}

图 4.15 给出了辅助电流源幅值按照负载大小自适应变化的全桥变换器的主电路及其主要波形[25]。其中，T_a 为辅助变压器，其原副边匝比为 1；C_{a1} 和 C_{a2} 为分压电容，其容量很大且相等，其电压均为输入电压的一半，即 $V_{Ca1}=V_{Ca2}=V_{in}/2$。辅助电感电压为

$$v_{La}=\frac{V_{in}}{2}-v_{CD}-v_B=\frac{V_{in}}{2}-\left(v_A-\frac{V_{in}}{2}\right)-v_B=V_{in}-v_A-v_B \tag{4.56}$$

图 4.15(b) 中给出了 $V_{in}-v_A-v_B$ 的波形，它与 v_{AB} 是互补的。

当 v_{AB} 为 $+V_{in}$ 或 $-V_{in}$ 时，$v_{La}=0$，辅助电感电流 i_{La} 保持不变；而当 $v_{AB}=0$ 时，v_{La} 为 $+V_{in}$ 或 $-V_{in}$，i_{La} 线性上升或下降，其幅值为

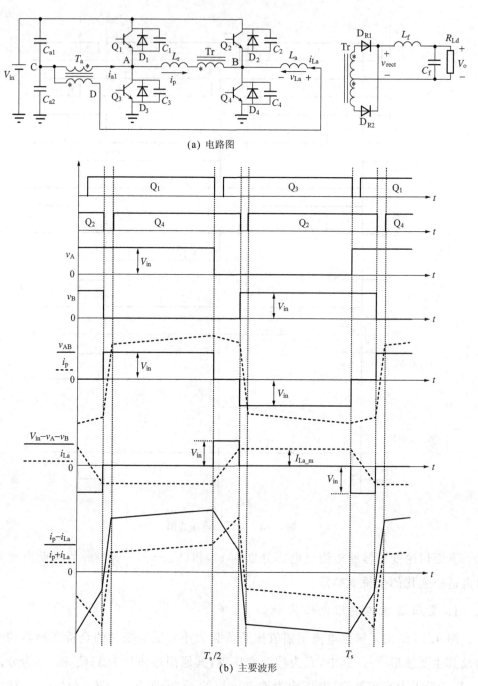

(a) 电路图

(b) 主要波形

图 4.15 辅助电流源幅值自适应变化的全桥变换器

$$I_{La\_m} = \frac{1}{2}\frac{V_{in}}{L_a}(1-D_p)\frac{T_s}{2} = \frac{V_{in}}{4L_a f_s}(1-D_p) \tag{4.57}$$

式中,D_p 为全桥变换器的原边占空比。

观察图 4.15(a) 可以看出,因为辅助变压器副边电流等于 i_{La},因此其原边电流 i_{a1} 也等于 i_{La}(辅助变压器原副边匝比为 1)。观察图 4.15(b) 可以看出:当滞后桥臂开关管 Q_4 和 Q_2 分别关断时,原边电流 i_p 和辅助电感电流 i_{La} 是同时流入和流出桥臂中点 B

的;而当超前桥臂开关管 Q_1 和 Q_3 分别关断时,原边电流 i_p 和辅助变压器电流 i_{a1} 是同时流出和流入桥臂中点 A 的。这说明辅助电感不仅可以帮助滞后桥臂实现 ZVS,也可以帮助超前桥臂实现 ZVS,而且其电流幅值根据负载大小自适应变化。图 4.15(b)中也给出了流出超前桥臂中点的电流 $i_p-i_{a1}(=i_p-i_{La})$ 和流入滞后桥臂中点的电流 i_p+i_{La} 波形,从这两个波形可以看出:i_p-i_{La} 和 i_p+i_{La} 有较大差别,这使得超前桥臂和滞后桥臂开关管的电流应力不同,需要选择不同电流定额的开关管。这是这种电路的缺点。

文献[26]将图 4.15(a)中的辅助电感 L_a 从辅助变压器的副边移到其中心抽头和两个分压电容中点之间,如图 4.16 所示。辅助电感电压 v_{La} 为

$$v_{La}=\frac{V_{in}}{2}-v_{DB}-v_B=\frac{V_{in}}{2}-\frac{1}{2}(v_A-v_B)-v_B=\frac{1}{2}(V_{in}-v_A-v_B) \tag{4.58}$$

上式表明,尽管辅助电感电压 v_{La} 幅值比图 4.15(a)中的变换器的小一半,但其依然是与 v_{AB} 互补的。

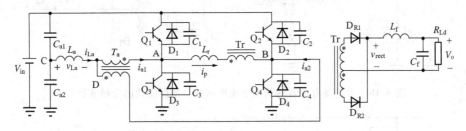

图 4.16　文献[26]提出的辅助电流源幅值自适应变化的全桥变换器

从图 4.16 可以得到以下表达式:

$$i_{La}=i_{a1}+i_{a2} \tag{4.59}$$

$$i_{a1}=i_{a2} \tag{4.60}$$

根据上述两式可得

$$i_{a1}=i_{a2}=i_{La}/2 \tag{4.61}$$

式(4.61)表明辅助变压器原副边的电流 i_{a1} 和 i_{a2} 均为辅助电感电流 i_{La} 的一半。根据式(4.58)和式(4.61)可得,为了获得相同的辅助电流源,图 4.16 所示全桥变换器中的辅助电感应为图 4.15(a)中的 1/4。

实际上,图 4.16 中的分压电容 C_{a1} 可以去掉,而分压电容 C_{a2} 的电压依然为 $V_{in}/2$,简化后的全桥变换器如图 4.17 所示。

图 4.17 中的电容 C_a 实际上是提供大小为 $V_{in}/2$ 的电压,其作用也可由两个隔直电容 C_{b1} 和 C_{b2} 实现,如图 4.18 所示[27],这两个隔直电容的电压均为 $V_{in}/2$,其极性如图 4.18 所示。

观察图 4.18 可以看出,如果谐振电感 L_r 很小,则辅助变压器 T_a 的作用可以用主变压器 Tr 来实现,即将主变压器原边绕组拆分为两个匝数相等的绕组,如图 4.19 所

示,这就是文献[28]所提出的变换器。

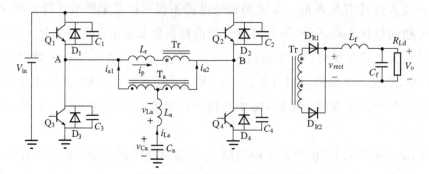

图 4.17　文献[26]提出的全桥变换器的简化型

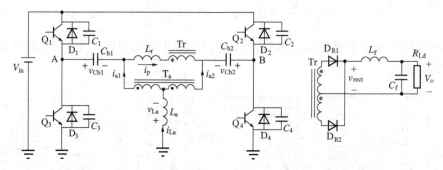

图 4.18　采用隔直电容的辅助电流源幅值自适应变化的全桥变换器

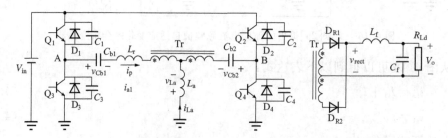

图 4.19　利用主变压器实现辅助电流源幅值自适应变化的全桥变换器

2. 变压器原边绕组电压为$(V_{in}-v_A-v_B)/m$

文献[29]提出的全桥变换器如图 4.20 所示,虚框内的部分是一个耦合电感,它可等效为一个电感 L_a 和原副边匝比为 1 的理想变压器 T_a。C_{b1} 和 C_{b2} 为隔直电容,其电压均为 $V_{in}/2$。此时加在电感 L_a 上的电压 v_{La} 和变压器原边绕组上的电压 v_p 分别为

$$v_{La}=\left(v_A-\frac{V_{in}}{2}\right)-\left(v_B-\frac{V_{in}}{2}\right)=v_A-v_B=v_{AB} \tag{4.62}$$

$$v_p=\frac{1}{2}\left(v_A-\frac{V_{in}}{2}+v_B-\frac{V_{in}}{2}\right)=\frac{1}{2}(v_A+v_B-V_{in}) \tag{4.63}$$

显然,v_{La} 和 v_p 是互补的。

为了在变压器原边绕组获得$(V_{in}-v_A-v_B)/m$ 的电压,文献[30]将主变压器拆分为两个,并将其副边绕组串联起来,如图 4.21 所示。两个主变压器的原边电压分

别为

$$v_{p1} = v_A - \frac{V_{in}}{2} \tag{4.64}$$

$$v_{p2} = v_B - \frac{V_{in}}{2} \tag{4.65}$$

这两个电压之和为

$$v_{p1} + v_{p2} = v_A + v_B - V_{in} \tag{4.66}$$

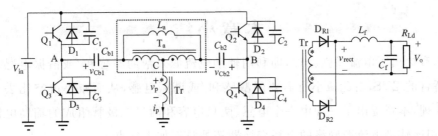

图 4.20 变压器原边绕组电压为 $(v_A + v_B - V_{in})/2$ 的全桥变换器

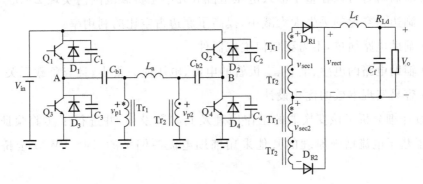

图 4.21 采用两个主变压器实现辅助电流源电流大小自适应变化的全桥变换器

4.9.5 谐振电感电流自适应变化的辅助网络

在第 3 章中已指出,滞后桥臂利用谐振电感(包括变压器漏感)的能量来实现 ZVS。文献[31]提出了一种谐振电感电流自适应变化的全桥变换器,如图 4.22 所示。辅助变压器 T_a 的原边电压 v_{pa} 近似等于 $(V_{in} - v_A - v_B)/2$,该电压反射到副边,在 $v_{AB} = 0$ 时使谐振电感 L_r 的电流线性上升,其上升量与 $(V_{in} - v_A - v_B)/2$ 的占空比成正比。当负载较小时,原边占空比较小,则 $(V_{in} - v_A - v_B)/2$ 的占空比较大,使 L_r 的电流上升较多,以利于滞后桥臂实现 ZVS;当负载较大时,原边占空比较大,则 $(V_{in} - v_A - v_B)/2$ 的占空比较小,使 L_r 的电流上升较少。因此谐振电感 L_r 的电流是随负载大小自适应变化的,这样有利于在负载较重时减小导通损耗,并且使滞后桥臂在宽负载范围内实现 ZVS。

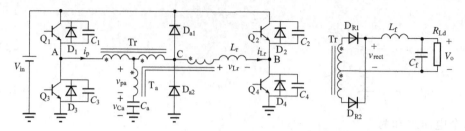

图 4.22　谐振电感电流自适应变化的全桥变换器

本章小结

本章提出了电流增强原理,即利用辅助电流源来帮助漏感和/或谐振电感来实现滞后桥臂的 ZVS,由此减小所需要的漏感和/或谐振电感,从而减小占空比丢失。基于该原理,本章提出了一种由一个电感、两只电容和两只二极管组成的辅助电流源网络,采用该辅助电流源网络的全桥变换器拓扑具有如下优点:

(1) 滞后桥臂可以在整个输入电压范围和几乎全负载范围内实现 ZVS。

(2) 副边占空比的丢失大大减小,提高了原边占空比的利用率。

(3) 辅助电路简单,不需要任何主控器件。

(4) 辅助电路的电感、电容、二极管的电流、电压应力很小,且与负载无关。

(5) 容易实现参数的优化设计。

本章详细分析了该变换器的工作原理及其参数设计,并进行了实验验证。本章还介绍了基于电流增强原理的其他采用辅助电流源网络的 ZVS PWM 全桥变换器拓扑。

第 5 章
ZVZCS PWM 全桥变换器

从第 2 章中我们知道,全桥变换器的 PWM 软开关方式分为两类:①ZVS 方式,即 0 状态工作在恒流模式,超前桥臂和滞后桥臂均实现 ZVS;②ZVZCS 方式,即 0 状态工作在电流复位模式,超前桥臂实现 ZVS,滞后桥臂实现 ZCS。本章讨论 ZVZCS PWM 全桥变换器的电路拓扑及控制方式,给出 0 状态时原边电流的复位方式。在此基础上,提出一种新的 ZVZCS PWM 全桥变换器,该变换器可以在很宽的负载范围内实现超前桥臂的 ZVS 和滞后桥臂的 ZCS[32]。本章详细分析所提出的 ZVZCS PWM 全桥变换器的工作原理,给出其参数设计,最后研制了一台输出 54V/100A 的原理样机,并进行实验验证。

5.1 ZVZCS PWM 全桥变换器电路拓扑及控制方式

5.1.1 超前桥臂的控制方式

与 ZVS PWM 全桥变换器一样,超前桥臂开关管两端并联电容来实现其 ZVS。我们来分析开关管的开通情况。参考图 5.1 和图 5.2,当超前桥臂的 Q_1 在 t_0 时刻零电压关断后,必须在另外一只开关管 Q_3 的反并二极管 D_3 导通时,开通 Q_3,才是零电压开通。由于 Q_1 关断后到 Q_2 开通前的 $[t_0, t_2]$ 时段,变换器工作在 0 状态。第 2 章指出,在 ZVZCS 方式下,为了实现滞后桥臂的 ZCS,0 状态为电流复位模式,原边电流 i_p 将会减小到零(使 i_p 减小到零的方法将在 5.1.3 节讨论)。如果在 Q_1 关断、D_3 导通时,不及时开通 Q_3,那么在 0 状态中 i_p 减小到零后,D_3 将截止,而 C_3 将被重新充电,使 Q_3 失去零电压开通的条件。由于 i_p 减小到零的时间与负载有关,为了在任意负载下实现 Q_3 的零电压开通,必须将 Q_3 的开通时间提前到 Q_1 关断时,即将 Q_3 的开通时间向前增加到 $T_s/2$。同理,Q_1 的开通时间也要向前增加到 $T_s/2$,如图 5.2 所示。当然,为了实现超前桥臂的 ZVS,Q_1 和 Q_3 的驱动信号之间必须有一个死区时间,使 Q_1(或 Q_3)在开通之前,其并联电容 C_1(或 C_3)的电压下降到零,而且其反并二极管 D_1(或 D_3)导通。

5.1.2　滞后桥臂的控制方式

滞后桥臂是实现 ZCS,因此其开关管两端不能并联电容。参考图 5.2,当超前桥臂的 Q_1 关断后,变换器工作在 0 状态,此时原边电流 i_p 开始减小,到 t_1 时刻,i_p 减小到零,此时关断 Q_4 就是零电流关断。因此 Q_4 的关断时刻必须向后推迟到 t_1 时刻,$t_{01}=t_1-t_0$ 的大小与负载和电流复位方式有关,这将在后面讨论。在 $[t_1,t_2]$ 时段,i_p 继续保持为零,因此 Q_4 的关断时刻也可以一直向后推迟到 t_2 时刻,即 Q_4 的导通时间可以向后增加到 $T_s/2$。Q_2 的情况类似。也就是说,滞后桥臂的开通时间有两种方式,即将其开通时间向后增加一段时间,该时间由电流复位时间决定;或者将其开通时间向后增加到 $T_s/2$。

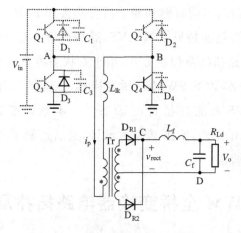

图 5.1　0 状态

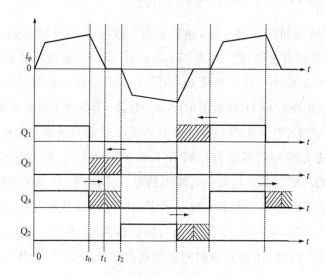

图 5.2　ZVZCS 方式

5.1.3　电流复位方式

1. 阻断电压源

在 0 状态时,由于输出整流二极管全部导通,因此变压器原副边电压均为 0。为了在 0 状态时,使 i_p 减小到零,必须在漏感上加一个反电压。实际上,只要在原边加入一个阻断电压源 v_{anti} 就可以了,如图 5.3(a)所示。当 i_p 正向流过时,该电压极性为左正右负,如图 5.3(b)所示;当 i_p 反向流过时,该电压极性为左负右正,如图 5.3(c)所示。

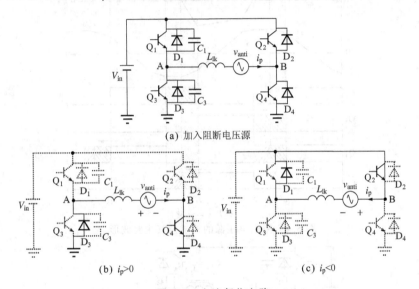

(a) 加入阻断电压源

(b) $i_p > 0$　　　　　　　　(c) $i_p < 0$

图 5.3　电流复位电路

这个阻断电压源最简单的方法就是用一个电容 C_b 来实现,如图 5.4 所示。当斜对角的两只开关管 Q_1 和 Q_4 同时导通时,i_p 给 C_b 充电;当斜对角的两只开关管 Q_2 和 Q_3 同时导通时,i_p 给 C_b 放电。而在 0 状态时,电容 C_b 的电压保持不变,其极性刚好与 i_p 的流动方向相反,使 i_p 减小到零,起到使 i_p 复位的作用。

2. 反向通路的阻断

在 0 状态时,当 i_p 减小到零后不允许其反方向增长,否则滞后桥臂将失去 ZCS 的条件。因此,在 0 状态时,必须切断 i_p 的反向通路。在图 5.4(a)中,可以从三个地方着手来切断其反向通路:AO 段/AC 段、AB 段和 BO 段/BC 段。

在 5.1.1 节中已提到,为了实现超前桥臂的 ZVS,在 0 状态时已经开通 Q_1 或 Q_3,因此 AO 段/AC 段不能阻止 i_p 反向流动。

在 AB 段,可采用以下几种方法:

(1) 串入一个饱和电感,如图 5.5(a)所示[33]。在 0 状态时,饱和电感工作在线性状态,阻止 i_p 反向流动。在 +1 状态和 −1 状态时,它工作在饱和状态。

(2) 在变压器副边增加一个有源箝位电路,如图 5.5(b)所示[34]。

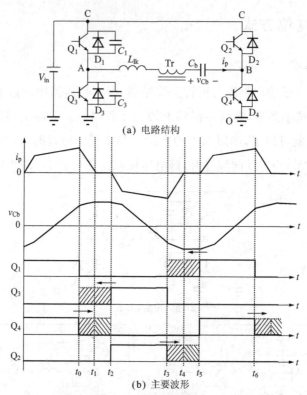

(a) 电路结构

(b) 主要波形

图 5.4 阻断电压源的构成及其主要波形

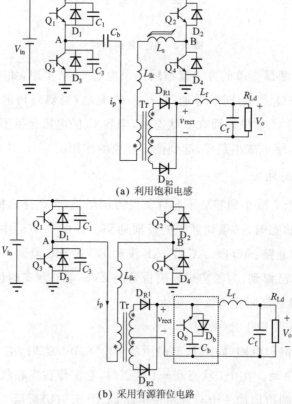

(a) 利用饱和电感

(b) 采用有源箝位电路

图 5.5 ZVZCS PWM 全桥变换器电路拓扑

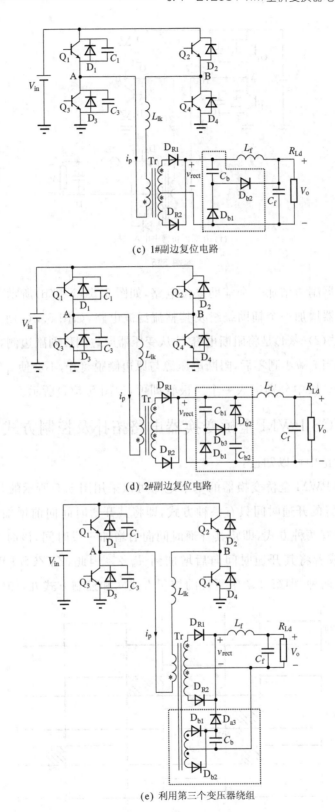

(c) 1#副边复位电路

(d) 2#副边复位电路

(e) 利用第三个变压器绕组

续图 5.5

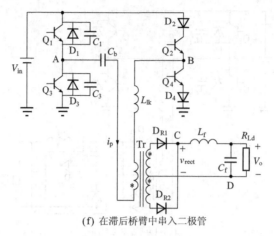

(f) 在滞后桥臂中串入二极管

续图 5.5

（3）在变压器副边增加一个辅助复位电路，如图 5.5(c)和(d)所示[35, 36]。

（4）给变压器增加一个辅助绕组及其整流滤波电路，如图 5.5(e)所示[37]。

实际上，方法(2)～(4)是将阻断电容 C_b 从变压器原边侧移到副边侧，并增加相应的辅助电路。这样当 i_p 减小到零后，阻断电压源与原边侧脱离开，不会使 i_p 反方向流动。

在 BO 段/BC 段中分别串入一个二极管即可，如图 5.5(f)所示。

5.1.4　ZVZCS PWM 全桥变换器电路拓扑及控制方式

从上面的讨论中可以知道：

（1）ZVZCS PWM 全桥变换器的基本电路可以采用图 5.5 所示的几种电路。

（2）超前桥臂的开通时间只有一种方式，即将其开通时间向前增加到 $T_s/2$；滞后桥臂的开通时间有两种方式，即将其开通时间向后增加一段时间，该时间由原边电流复位时间决定；或者将其开通时间向后增加到 $T_s/2$。因此，ZVZCS PWM 全桥变换器的控制方式有两种，即第 2 章中所说的控制方式六和控制方式九，如图 5.6 所示。

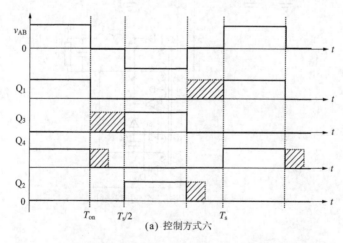

(a) 控制方式六

图 5.6　ZVZCS PWM 全桥变换器的控制方式

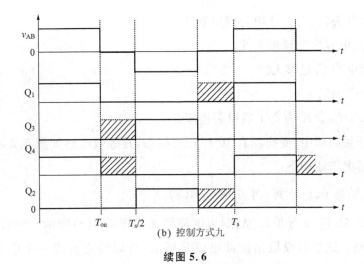

(b) 控制方式九

续图 5.6

5.2 ZVZCS PWM 全桥变换器的工作原理

上一节讨论了 ZVZCS PWM 全桥变换器的电路拓扑及其控制方式,本节以图 5.5(f)的电路拓扑和移相控制方式(控制方式九)为例,分析该类变换器的基本工作原理。图 5.7 给出了该电路的主要波形。在分析之前,作如下假设:

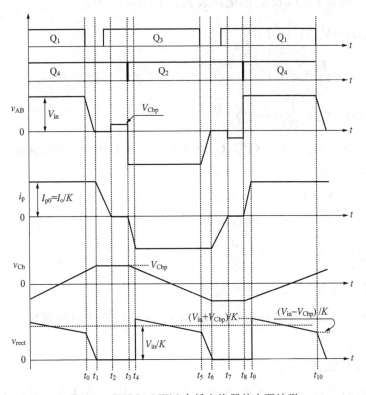

图 5.7 ZVZCS PWM 全桥变换器的主要波形

（1）所有开关管、二极管均为理想器件。

（2）电感、电容均为理想元件。

（3）阻断电容 C_b 足够大。

（4）$C_1 = C_3 = C_r$。

（5）$K^2 L_f \gg L_{lk}$。K 为变压器原副边匝比。

在一个开关周期中，变换器有 10 种开关模态，其等效电路如图 5.8 所示，各开关模态的工作情况描述如下：

1. 开关模态 0，t_0 时刻，对应图 5.8(a)

在 t_0 时刻，Q_1 和 Q_4 导通。原、副边电流回路如图 5.8(a) 所示。原边电流 i_p 给阻断电容 C_b 充电。这里假设输出滤波电感足够大，可以将它看成一个电流源。此时，原边电流为 $I_{p0} = I_o/K$，I_o 是输出负载电流。阻断电容 C_b 电压为 $V_{cb}(t_0)$。

2. 开关模态 1，$[t_0, t_1]$，对应图 5.8(b)

在 t_0 时刻关断 Q_1，i_p 从 Q_1 中转移到 C_3 和 C_1 支路中，给 C_1 充电，同时 C_3 被放电。由于有 C_3 和 C_1，Q_1 是零电压关断。在这个时段里，变压器原边漏感 L_{lk} 和滤波电感 L_f 是串联的，而且 L_f 很大，因此可以认为原边电流 i_p 近似不变，类似于一个恒流源，其大小为 $I_{p0} = I_o/K$。原边电流 i_p 继续给阻断电容 C_b 充电。C_1 的电压线性上升，C_3 的电压线性下降。电容 C_b、C_1 和 C_3 的电压表达式分别为

$$v_{Cb}(t) = V_{Cb}(t_0) + I_{p0} \frac{t - t_0}{C_b} \tag{5.1}$$

$$v_{C1}(t) = \frac{I_{p0}}{2C_r}(t - t_0) \tag{5.2}$$

$$v_{C3}(t) = V_{in} - \frac{I_{p0}}{2C_r}(t - t_0) \tag{5.3}$$

在 t_1 时刻，C_3 的电压下降到零，Q_3 的反并二极管 D_3 自然导通，从而结束开关模态 1。该模态的时间为

$$t_{01} = 2C_r V_{in}/I_{p0} \tag{5.4}$$

在 t_1 时刻，阻断电容 C_b 上的电压为

$$V_{Cb}(t_1) = V_{Cb}(t_0) + 2\frac{C_r V_{in}}{C_b} \tag{5.5}$$

3. 开关模态 2，$[t_1, t_2]$，对应图 5.8(c)

D_3 导通后，可以零电压开通 Q_3。Q_3 与 Q_1 驱动信号之间的死区时间 $t_{d(lead)} > t_{01}$，即

$$t_{d(lead)} > 2C_r V_{in}/I_{p0} \tag{5.6}$$

在这段时间里，D_3 和 Q_4 导通，A、B 两点间的电压 v_{AB} 等于零。此时加在变压器原边绕组和漏感上的电压为阻断电容电压 v_{cb}，i_p 开始减小，同时使变压器原边电压极性

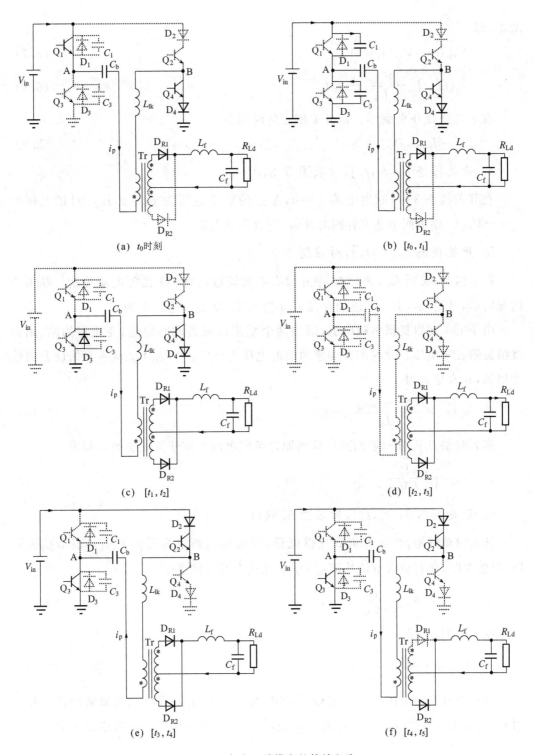

(a) t_0 时刻　　　　　　　　　　　　　　(b) $[t_0, t_1]$

(c) $[t_1, t_2]$　　　　　　　　　　　　　　(d) $[t_2, t_3]$

(e) $[t_3, t_4]$　　　　　　　　　　　　　　(f) $[t_4, t_5]$

图 5.8　各个开关模态的等效电路

改变,副边感应电势成为下正上负。变压器副边两个整流二极管 D_{R1} 和 D_{R2} 同时导通,因此变压器原、副边绕组电压均为零。此时 v_{Cb} 全部加在漏感上,i_p 减小,v_{Cb} 上升。由于漏感较小,而 C_b 较大,因此可认为在这个开关模态中,v_{Cb} 基本不变,i_p 基本是线性

减小,即

$$V_{Cb}(t) = V_{Cb}(t_1) \equiv V_{Cbp} \tag{5.7}$$

$$i_p(t) = I_{p0} - \frac{V_{Cbp}}{L_{lk}}(t - t_0) \tag{5.8}$$

在 t_2 时刻,i_p 下降到零。该开关模态的时间为

$$t_{12} = L_{lk} I_{p0} / V_{Cbp} \tag{5.9}$$

4. 开关模态3,$[t_2, t_3]$,对应图5.8(d)

在开关模态3中,原边电流 $i_p = 0$,A点的对地电压为 $v_A = 0$,B点对地电压为 $v_B = -V_{Cbp}$。副边两个整流管同时导通,均分负载电流。

5. 开关模态4,$[t_3, t_4]$,对应图5.8(e)

在 t_3 时刻,关断 Q_4,此时 Q_4 中并没有电流流过,因此 Q_4 是零电流关断。在很小的延时后,开通 Q_2,由于漏感的存在,i_p 不能突变,Q_2 是零电流开通。

由于 i_p 不足以提供负载电流,副边两个整流管依然同时导通,变压器的原、副边绕组被箝在零电压。此时加在漏感两端的电压为 $-(V_{in} + V_{Cbp})$,i_p 从零开始反方向线性增加,其表达式为

$$i_p(t) = -\frac{V_{in} + V_{Cbp}}{L_{lk}}(t - t_3) \tag{5.10}$$

在 t_4 时刻,i_p 反方向增加到折算到原边负载电流。该开关模态的时间为

$$t_{34} = \frac{L_{lk} I_{p0}}{V_{in} + V_{Cbp}} \tag{5.11}$$

6. 开关模态5,$[t_4, t_5]$,对应图5.8(f)

从 t_4 时刻开始,原边为负载提供能量,同时给阻断电容反向充电。输出整流管 D_{R1} 自然关断,所有负载电流均流过 D_{R2}。在这个开关模态中,

$$v_{Cb}(t) = V_{Cbp} - \frac{I_{p0}}{C_b}(t - t_4) \tag{5.12}$$

在 t_5 时刻,

$$V_{Cb}(t_5) = V_{Cbp} - \frac{I_{p0}}{C_b}t_{45} \tag{5.13}$$

阻断电容上的电压为下一次 Q_2 的零电流关断和 Q_4 的零电流开通做准备。在 t_5 时刻,关断 Q_3,开始另一半个周期 $[t_5, t_{10}]$,其工作情况类似于前面描述的 $[t_0, t_5]$。

5.3 参数设计

5.3.1 阻断电容电压最大值

从式(5.9)可以看出,t_{12} 的大小取决于阻断电容电压最大值 V_{Cbp}。阻断电容电压

在 t_6 时刻达到负的最大值 $-V_{Cbp}$，而 $[t_5,t_6]$ 时段与 $[t_0,t_1]$ 时段是类似的，因此有

$$V_{Cb}(t_6) = V_{Cb}(t_5) - 2\frac{C_r V_{in}}{C_b} = V_{Cbp} - \frac{I_{p0}}{C_b}t_{45} - 2\frac{C_r V_{in}}{C_b} = -V_{Cbp} \qquad (5.14)$$

一般 $C_r \ll C_b$，那么上式可简化为

$$V_{Cbp} = \frac{I_{p0}}{2C_b}t_{45} \qquad (5.15)$$

5.3.2　实现超前桥臂 ZVS 的条件

从开关模式 1 可以清楚地看到，超前桥臂是利用输出滤波电感的能量来实现其 ZVS，而输出滤波电感一般较大，其能量足以在很宽的负载范围内实现超前桥臂的 ZVS。

5.3.3　最大副边有效占空比 D_{effmax}

从上一节的分析中可以知道，要实现滞后桥臂的 ZCS，原边电流 i_p 必须在滞后桥臂开通之前从负载电流减小到零。从式（5.9）和式（5.15）可以推出 i_p 从负载电流减小到零的时间 t_{12} 为

$$t_{12} = \frac{2L_{lk}C_b}{t_{45}} = \frac{2L_{lk}C_b}{D_{eff}T_s/2} = \frac{4L_{lk}C_b}{D_{eff}T_s} \qquad (5.16)$$

式中，D_{eff} 是副边有效占空比，T_s 是开关周期。

从图 5.9 中可以知道，本变换器的最大副边有效占空比 D_{effmax} 由下式决定：

$$D_{effmax} < 1 - D_{reset} - D_{ZCS} - D_{loss} \qquad (5.17)$$

式中，$D_{reset} = t_{12}/(T_s/2)$，$D_{ZCS} = t_{ZCS}/(T_s/2)$，$T_{ZCS}$ 是滞后桥臂实现 ZCS 的时间，它取决于开关管的关断特性，比如 IGBT 的少数载流子的复合时间。$D_{loss} = t_{34}/(T_s/2)$，它是漏感造成的占空比丢失。

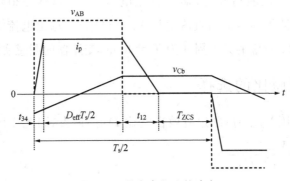

图 5.9　最大占空比的确定

5.3.4 实现滞后桥臂 ZCS 的条件

从式(5.16)中可以看出，t_{12} 与负载电流无关，与副边有效占空比 D_{eff} 成反比。也就是说，只要满足式(5.17)，就可以在任意负载和输入电压变化范围内实现滞后桥臂的 ZCS。

5.3.5 滞后桥臂的电压应力

在开关模态 3 中，原边电流 i_p 为零，$v_B = -V_{Cbp}$，滞后桥臂开关管上的电压为

$$V_{Q2} = V_{in} + V_{Cbp} \tag{5.18}$$

$$V_{Q4} = -V_{Cbp} \tag{5.19}$$

从上面两个表达式可知，滞后桥臂开关管的电压应力为 $V_{in} + V_{Cbp}$，而且要承受反向电压 V_{Cbp}，因此滞后桥臂要串联二极管以防止滞后桥臂开关管反向击穿。

5.3.6 阻断电容的选择

阻断电容 C_b 的选择受到两个因素的制约：①从式(5.16)和式(5.17)中可知，为了提高 D_{effmax}，C_b 应当尽量小；②从式(5.18)和式(5.19)中可知，为了降低滞后桥臂的电压应力和反向电压，C_b 应当尽量大。因此要权衡选择 C_b，一般在输出满载时，阻断电容电压峰值 $V_{Cbp} = 10\% V_{in}$。

5.4 设计实例

本节给出一个设计实例。由于该变换器的参数选择与工作条件有关，且存在相互影响，因此需要反复设计和校核。为了简化设计，有必要作一些假设和近似。

本变换器的主要性能指标为：输入直流电压 $V_{in} = 537V \pm 20\%$（将三相 380V $\pm$ 20%交流电整流滤波得到），输出直流电压 $V_o = 54VDC$，输出电流 $I_o = 100A$。开关频率选择为 $f_s = 25kHz$，对应的开关周期为 $T_s = 40\ \mu s$，变压器的漏感实测值为 $L_{lk} = 5\ \mu H$。

5.4.1 变压器匝比的选择

在最低输入电压 V_{inmin} 时，副边有效占空比 D_{effmax} 最大，因此变压器的匝比为

$$K = \frac{V_{inmin}}{(V_o + V_D)/D_{effmax}} \tag{5.20}$$

式中，V_D 是输出整流二极管的导通压降，大小为 1.5V。这里 $V_{inmin} = 537V \cdot (1 - 20\%) = 429.6V$，$D_{effmax}$ 取 0.7，将这些数据代入式(5.20)，可得 $K = 5.42$。在实际电路中，变压器的原副边匝数分别取 22 匝和 4 匝，相应的匝比为 5.5，所对应的 $D_{effmax} = 0.71$。

5.4.2 阻断电容容值的计算

选择 $V_{Cbp}=10\%V_{in}$，则根据式(5.15)可以得到阻断电容的大小为

$$C_b=\frac{I_{p0}}{2V_{Cbp}}t_{45}=\frac{I_o/K}{2\times0.1\cdot V_{in}}D_{effmax}\frac{T_s}{2}$$

$$=\frac{100/5.5}{2\times0.1\times537}\cdot0.71\cdot\frac{40\times10^{-6}}{2}=2.4(\mu F) \tag{5.21}$$

实际取 $C_b=2.2\ \mu F$，其型号为 CDE 公司的 930C2W2P2K，此时阻断电容的电压峰值为 $V_{Cbp}=58.7V$。

5.4.3 变压器变比和阻断电容容值的校核

当变压器变比 K 和阻断电容容值 C_b 确定后，可以计算出 D_{eff}、D_{reset} 和 D_{loss}，其表达式为

$$D_{eff}=\frac{K(V_o+V_D)}{V_{in}} \tag{5.22}$$

$$D_{reset}=\frac{t_{12}}{T_s/2}=\frac{8L_{lk}C_b}{D_{eff}T_s^2}=\frac{8V_{in}L_{lk}C_b}{K(V_o+V_D)T_s^2} \tag{5.23}$$

$$D_{loss}=\frac{t_{34}}{T_s/2}=\frac{2L_{lk}I_o}{KT_s(V_{in}+V_{Cbp})}=\frac{2L_{lk}I_o}{KT_s\left(V_{in}+\dfrac{I_o}{2C_b}\dfrac{V_o+V_D}{V_{in}}\dfrac{T_s}{2}\right)} \tag{5.24}$$

根据电压和电流应力，这里选择 IGBT 模块作为主开关管，型号为 VII50-12Q3，其电流拖尾时间为 $T_{tail}=0.35\ \mu s$，因此 $T_{ZCS}=T_{tail}=0.35\ \mu s$，相应地，$D_{ZCS}=0.0175$。

定义

$$D_{sum}=D_{eff}+D_{reset}+D_{loss}+D_{ZCS} \tag{5.25}$$

图 5.10 给出了 D_{sum}、D_{eff}、D_{reset} 和 D_{loss} 随输入电压变化而变化的曲线，从中可以

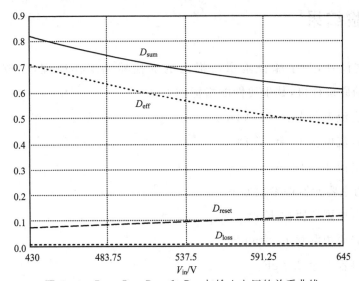

图 5.10 D_{sum}、D_{eff}、D_{reset} 和 D_{loss} 与输入电压的关系曲线

看出，D_{eff} 和 D_{sum} 均在最低输入电压时最大，其大小为 $D_{effmax}=0.71$，$D_{summax}=0.82<$ 1，式(5.17)是满足的，因此所选择的 K 和 C_b 是合适的。

既然式(5.17)是满足的，那么滞后桥臂就可以在整个输入电压和负载范围内实现 ZCS。

5.4.4　超前桥臂开关管并联电容的选择

为了实现超前桥臂的 ZVS，其开关管上需要并联电容。根据开关模态 1 可知，并联电容电压从 0 上升到 V_{in} 的时间为 t_{01}。为了减小超前桥臂(这里选用的是 IGBT)的关断损耗，在满载时一般选择 t_{01} 为 IGBT 的电流拖尾时间的 2~3 倍，即 $t_{01}=(2\sim3)$ T_{tail}。根据式(5.4)可得

$$C_1=C_3=C_r=\frac{\dfrac{I_o}{K}\cdot 3\cdot T_{tail}}{2V_{in}}=17.8\text{nF} \tag{5.26}$$

这里选择 $C_1=C_3=C_r=15\text{nF}$。

为了实现开关管的零电压开通，必须在其并联电容电压下降到零后才能开通该开关管。超前桥臂两只开关管的驱动信号之间的死区时间选择为 $t_d=2.4\,\mu s$。从式(5.4)可以看出，负载电流越大，则 t_{01} 越小，超前桥臂也就越容易实现零电压开通。如果 $t_{01}>t_d$，那么超前桥臂开关管在开通时，其并联电容上的电压还来不及下降到零，由此导致超前桥臂失去零电压开通的条件。根据式(5.4)可以得到超前桥臂实现零电压开通的最小负载电流为

$$I_{omin}=K\frac{2C_rV_{in}}{t_d}=5.5\times\frac{2\times15\times10^{-9}\times537}{2.4\times10^{-6}}=37(\text{A}) \tag{5.27}$$

这意味着在 37% 满载以上时，超前桥臂可以实现零电压开通。

5.5　实验结果

根据上述设计，为了验证本章所提出的变换器的工作原理，完成了一台输出 54V/ 100A 的原理样机，其主要性能指标如下。

- 输入直流电压 $V_{in}=537\text{VDC}$。
- 输出直流电压 $V_o=54\text{VDC}$。
- 输出电流 $I_o=100\text{A}$。

所采用的主要元器件参数如下。

- 变压器原副边匝比 $K=5.5$。
- 变压器原边漏感 $L_{lk}=5\,\mu H$。
- 阻断电容 $C_b=2.2\,\mu F$。
- 并联电容 $C_1=C_3=C_r=15\text{nF}$。

- 输出滤波电感 $L_f = 30 \ \mu H$。
- 输出滤波电容 $C_f = 10000 \ \mu F$。
- 开关管：IGBT，VII50-12Q3。
- 串联二极管为 DSEP2 ×31-03A。
- 输出整流二极管：MEK95-06 DA。
- 开关频率 $f_s = 25 kHz$。

图 5.11 给出了在输出满载 100A 时的实验波形。图 5.11(a)是原边电压 v_{AB} 和

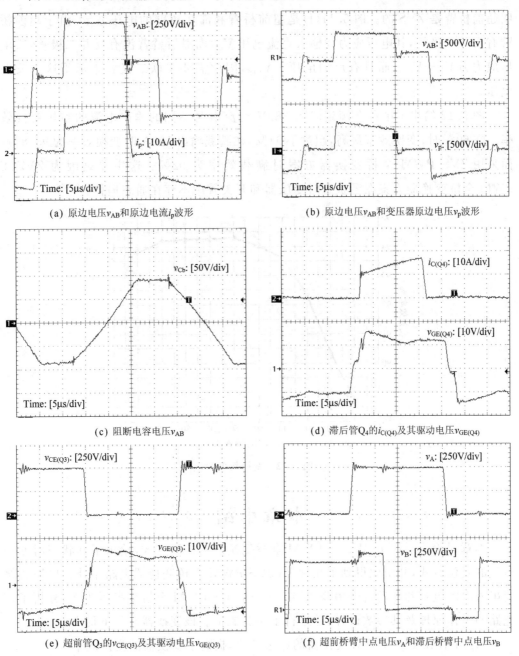

(a) 原边电压 v_{AB} 和原边电流 i_p 波形　　　　(b) 原边电压 v_{AB} 和变压器原边电压 v_p 波形

(c) 阻断电容电压 v_{AB}　　　　(d) 滞后管 Q_4 的 $i_{C(Q4)}$ 及其驱动电压 $v_{GE(Q4)}$

(e) 超前管 Q_3 的 $v_{CE(Q3)}$ 及其驱动电压 $v_{GE(Q3)}$　　　　(f) 超前桥臂中点电压 v_A 和滞后桥臂中点电压 v_B

图 5.11　实验结果

99

原边电流 i_p 波形。该图表明当 $v_{AB}=0$ 时，阻断电容 C_b 上的电压使 i_p 从折算到原边的负载电流减小到零，从而实现滞后桥臂的 ZCS。与 ZVS PWM 全桥变换器相比，本变换器不存在原边环流，因而可以提高变换效率。图 5.11（b）是 v_{AB} 和变压器原边电压 v_p 波形，由于有阻断电容的电压，v_p 不是一个方波，但其平均值与 ZVS PWM 全桥变换器一样。图 5.11（c）是阻断电容电压 v_{Cb} 波形，当 i_p 正向流动时，v_{Cb} 是增加的；而当 i_p 反向流动时，v_{Cb} 是减小的。图 5.11（d）是滞后桥臂开关管的电流和驱动波形，该图说明滞后桥臂是 ZCS 的。图 5.11（e）是超前桥臂开关管的电压和驱动波形，该图说明超前桥臂是 ZVS 的。图 5.11（f）是超前桥臂和滞后桥臂的电压波形，由于超前桥臂有反并二极管，其电压应力为输入直流电压 V_{in}，而滞后桥臂没有反并二极管，其电压应力为 $V_{in}+V_{Cbp}$，而且有反向电压 $-V_{Cbp}$，因此需要串联二极管来承受这个反向电压。

图 5.12 给出了电源在额定输入 380V 交流电时不同的输出电流的整机变换效率。在 60A 时，变换效率最高，超过了 94%，在满载输出 100A 时变换效率为 93.8%，而采用 ZVS PWM 全桥变换器方案时满载效率为 92%。这主要是因为 ZVZCS PWM 全桥变换器方案在零状态时变压器和开关管中不存在通态损耗。

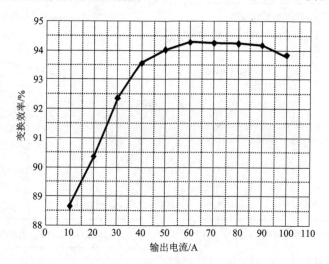

图 5.12　变换效率图

本章小结

本章讨论了适用于 ZVZCS PWM 全桥变换器的控制方式，给出了 0 状态时原边电流的复位方式，并由此得到了几种 ZVZCS PWM 全桥变换器电路拓扑。以原边绕组串入阻断电容和滞后桥臂串联二极管的 ZVZCS PWM 全桥变换器为例，分析了该电路的工作原理及其参数设计，并进行了实验验证。该变换器有如下优点：

（1）不存在 ZVS PWM 变换器的原边环流，提高了变换器的变换效率。

（2）可以在任意负载和输入电压变化范围内实现滞后桥臂的零电流开关。

第6章
加箝位二极管的零电压开关全桥变换器

6.1 引 言

在第2章至第5章的讨论中,都是将全桥变换器的输出整流二极管当做理想器件,没有考虑其结电容的影响。事实上,输出整流二极管的结电容会与变压器的漏感或外加谐振电感产生谐振,从而导致输出整流管上存在电压振荡和电压尖峰,增大了其电压应力,一般需要采用 RC 或 RCD 缓冲电路来阻尼这个电压振荡。但是,RC 或 RCD 缓冲电路不能完全消除电压振荡,其电压尖峰依然很大;同时,谐振电感中多余的谐振能量全部消耗在 RC 或 RCD 缓冲电路的电阻上,使变换器效率有所降低。为了彻底消除输出整流二极管上的电压振荡和电压尖峰,Redl R 等人在谐振电感和变压器原边绕组的连接处引入两只二极管,这两只二极管的另一端分别连接到输入电压的正端和负端[38~40],我们称这两只二极管为箝位二极管。在该方案中,变压器与超前桥臂相联,箝位二极管在一个开关周期内导通两次,而其中只有一次与消除输出整流二极管上的电压振荡有关。如果将变压器和谐振电感交换位置,则箝位二极管在一个开关周期内只导通一次,原来与消除输出整流二极管上电压振荡无关的那次导通不再发生[41,42],这可以减小箝位二极管的电流应力;与此同时,在 0 状态时,原边电流和谐振电感电流有所减小,由此减小了导通损耗,提高了变换效率,并减小了占空比丢失。

本章将详细分析全桥变换器中输出整流二极管的电压振荡和电压尖峰产生的原因,并介绍几种抑制方法,重点阐述在变压器原边加箝位二极管以消除该电压振荡和电压尖峰的基本思路。在此基础上,本章将详细分析变压器分别与超前桥臂和滞后桥臂相连两种接法下,加箝位二极管的 ZVS PWM 全桥变换器的工作原理,并对其进行对比。最后以一台输出功率为 3kW 的原理样机进行实验验证,并给出实验结果。

6.2 ZVS PWM 全桥变换器中输出整流二极管电压振荡的原因

图 6.1(a)给出了移相控制 ZVS PWM 全桥变换器的电路图,其中 Q_1 和 Q_3 构成超前桥臂,Q_2 和 Q_4 构成滞后桥臂。与第 3 章的电路不同的是,这里考虑了两只输出整流二极管的结电容 C_{DR1} 和 C_{DR2},以模拟整流二极管的反向恢复。图 6.1(b)给出了

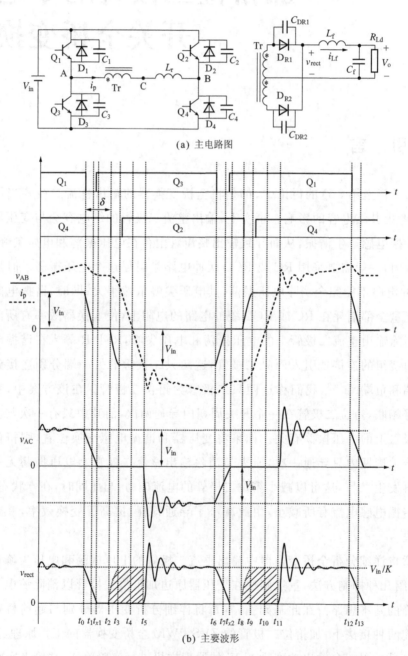

(a) 主电路图

(b) 主要波形

图 6.1 考虑输出整流二极管结电容后的 ZVS PWM 全桥变换器

考虑了输出整流二极管结电容的主要波形图。在 t_5 时刻之前，Q_2 和 Q_3 导通，原边电流 i_p 反向线性增加，它不足以提供负载电流，此时两只输出整流二极管 D_{R1} 和 D_{R2} 同时导通。在 t_5 时刻，i_p 反向增加到负的折算到原边的滤波电感电流，即 $-i_{Lf}/K$（其中 K 为变压器原副边匝比），D_{R1} 截止。此后，i_p 继续反向增大，D_{R1} 的结电容 C_{DR1} 被充电。此时，实际上是谐振电感 L_r 和 C_{DR1} 在谐振工作，如图 6.2 所示，其进一步的等效电路如图 6.3 所示，其中滤波电感 L_f、滤波电容 C_f 和负载 R_{Ld} 可以看成一个电流为 i_{Lf} 的电流源，它折算到变压器原边后的大小为 i_{Lf}/K；C'_{DR1} 是 C_{DR1} 折算到原边后的等效电容，其值为 $C'_{DR1} = 4C_{DR1}/K^2$。这里要说明的是，输出滤波电感 L_f 一般较大，它基本不参与 L_r 和 C_{DR1} 的谐振工作，其电流是线性上升的，其上升斜率近似为 $\left(\dfrac{V_{in}}{K} - V_o\right)/L_f$，这在第 3 章中已有解释。

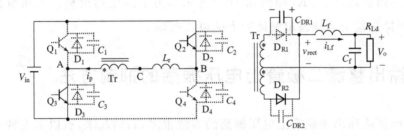

图 6.2 $[t_5, t_6]$ 时段，谐振电感和结电容 C_{DR1} 谐振工作

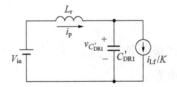

图 6.3 $[t_5, t_6]$ 时段的等效电路

在 t_5 时刻，原边电流 i_p 和 C'_{DR1} 的电压的初始值分别为 $I_p(t_5) = i_{Lf}/K$，$v_{C'_{DR1}}(t_5) = 0$。参考图 6.3，可以得到 i_p 和 C'_{DR1} 电压的表达式，分别为

$$i_p(t) = \frac{i_{Lf}(t)}{K} + \frac{V_{in}}{Z_r}\sin\omega_r(t - t_5) \tag{6.1}$$

$$v_{C'_{DR1}}(t) = V_{in}[1 - \cos\omega_r(t - t_5)] \tag{6.2}$$

式中，$Z_r = \sqrt{L_r/C'_{DR1}}$，$\omega_r = 1/\sqrt{L_r C'_{DR1}}$。

相应地，输出整流管上的电压 v_{CDR1} 和整流后的电压 v_{rect} 为

$$v_{CDR1}(t) = \frac{2V_{in}}{K}[1 - \cos\omega_r(t - t_5)] \tag{6.3}$$

$$v_{rect}(t) = \frac{V_{in}}{K}[1 - \cos\omega_r(t - t_5)] \tag{6.4}$$

从式（6.1）可以看出，i_p 的最大值为

$$i_p(t) = \frac{i_{Lf}(t)}{K} + \frac{V_{in}}{Z_r} \qquad (6.5)$$

它由两部分组成,一部分为折算到原边的滤波电感电流 i_{Lf}/K,另一部分为谐振电感和结电容谐振工作导致的电流 V_{in}/Z_r,我们称这部分电流为谐振电流。正常工作时,i_p 应等于 i_{Lf}/K,即第一部分电流,而谐振电流 V_{in}/Z_r 是多余的,相应的能量存储在谐振电感中。谐振电感中的多余能量必须被消耗掉,或者回馈到输入电源或负载中,否则就会导致输出整流二极管上的电压和原边电流振荡,这在后面将会分析。

式(6.3)表明,如果线路中的电阻为零,输出整流二极管上的电压是等幅振荡的,其输峰值为 $4V_{in}/K$,是不考虑结电容的 2 倍。一般来讲,线路中总是存在一定的电阻,对谐振电感和输出整流二极管的结电容的谐振起到阻尼作用,从而使输出整流二极管上的电压逐渐衰减到 $2V_{in}/K$。相应地,整流后的电压 v_{rect} 逐渐衰减到 V_{in}/K,原边电流 i_p 逐渐衰减到 i_{Lf}/K,如图 6.1(b)所示。为了降低输出整流二极管的电压应力,有必要抑制甚至消除输出整流管上的电压振荡。

6.3　输出整流二极管上电压振荡的抑制方法

抑制或消除输出整流管上电压振荡的方法很多,归纳起来,有以下五种:
(1) RC 缓冲电路。
(2) RCD 缓冲电路。
(3) 有源箝位电路。
(4) 变压器辅助绕组和二极管箝位电路。
(5) 原边加箝位二极管电路。

6.3.1　RC 缓冲电路

RC 缓冲电路是最基本也是最常用的抑制输出整流二极管上电压振荡的方法,它是在每只输出整流二极管上并联一个 RC 支路,如图 6.4 所示。

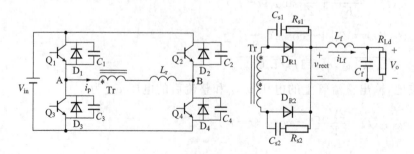

图 6.4　RC 缓冲电路

当两只整流二极管换流结束时,并联在关断的整流二极管上的 RC 支路起到抑制电压振荡的作用,它实际上是将谐振电感中多余的能量消耗在 RC 支路中的电阻上。而当整流二极管再次导通时,缓冲电容 C_{s1} 或 C_{s2} 上的电荷将被放掉,其能量释放在电阻 R_{s1} 或 R_{s2} 上。因此 RC 缓冲电路是有损耗的,不利于提高变换器的效率。

6.3.2 RCD 缓冲电路

图 6.5 是一种改进的缓冲电路[43,44],它由箝位二极管 D_s、箝位电容 C_s 和回馈电阻 R_s 组成,其中 C_s 的容量较大。C_s 用来吸收谐振电感中多余的谐振能量,从而抑制输出整流管上的电压振荡和电压尖峰。当原边电压 v_{AB} 为零时,C_s 通过 R_s 放电,一部分能量消耗在 R_s 上,一部分能量回馈到负载中,与 RC 缓冲电路相比,RCD 缓冲电路的损耗要小一些。

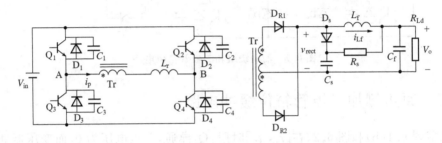

图 6.5 RCD 缓冲电路

6.3.3 有源箝位电路

虽然 RCD 缓冲电路减小了损耗,但依然有能量消耗在 R_s 上。为了消除损耗,最好是将箝位电容 C_s 中存储的谐振电感中的多余能量回馈到负载中去,为此可以在箝位二极管上反并一只开关管 Q_s,如图 6.6 所示,这就是有源箝位电路[45]。Q_s 工作在 ZVS,不存在开关损耗。因此,有源箝位电路既可以抑制输出整流二极管上电压振荡,又不存在损耗,有利于提高效率。不过,它需要增加一只开关管及相应的驱动电路,成本有所提高。

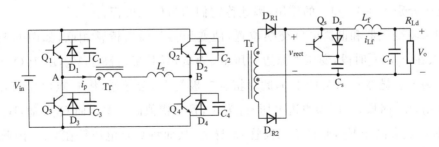

图 6.6 有源箝位电路

6.3.4　变压器辅助绕组和二极管箝位电路

图 6.7 给出了文献[46]提出的抑制输出整流二极管电压振荡的电路,它在变压器上增加一个辅助绕组 W_c,同时增加一个缓冲电容 C_c 和四个箝位二极管 $D_{c1} \sim D_{c4}$。它可以将输出整流管上的电压应力箝在 $2V_{in}/K_c$,其中 K_c 为辅助绕组 W_c 和副边绕组的匝比。为了保证全桥变换器的正常工作,K_c 要比变压器原副边匝比 K 小一点,因而输出整流二极管上的电压高于 $2V_{in}/K$。

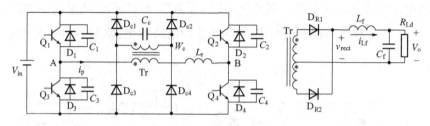

图 6.7　辅助绕组和二极管箝位电路

6.3.5　原边侧加二极管箝位缓冲电路

观察图 6.1(b)和图 6.2,在[t_5, t_6]时段,Q_3 导通,A 点电压为 0,而变压器原边电压 v_{AC} 为负,且存在振荡,其幅值大于 V_{in},这就意味着 C 点电压会高于 V_{in},如果在 C 点和电源正端接一个二极管 D_{c1},则可以将 C 点电压箝在 V_{in},那么变压器原边电压 v_{AC} 的负的最大值为 $-V_{in}$,相应地,输出整流二极管 D_{R1} 上的电压最大值被箝在 $2V_{in}/K$,是不加二极管 D_{c1} 的一半。类似地,当 Q_1 和 Q_4 导通时,在[t_{11}, t_{12}]时段,变压器原边电压 v_{AC} 为正,该电压是振荡的,其幅值高于 V_{in}。由于 Q_1 导通,A 点电压为 V_{in},那么 C 点电压会低于 0。如果在 C 点和电源负端接一个二极管 D_{c2},则可将 C 点电压箝在 0,相应地,输出整流二极管 D_{R2} 上的电压最大值也被箝在 $2V_{in}/K$,是不加二极管 D_{c2} 的一半。图 6.8(a)给出了加入 D_{c1} 和 D_{c2} 的 ZVS PWM 全桥变换器的电路图,其中变压器与超前桥臂相联,我们称之为 Tr-Lead 型全桥变换器。由于 D_{c1} 和 D_{c2} 起到将 C 点电压分别箝在 V_{in} 和 0 的作用,因此称它们为箝位二极管。

如果将变压器和谐振电感交换位置,使变压器与滞后桥臂相联,如图 6.8(b)所示,那么在[t_5, t_6]时段,变压器原边电压 v_{CB} 为负,且其幅值高于 V_{in},由于 Q_2 导通,B 点电压为 V_{in},显然 C 点会低于 0,此时箝位二极管 D_{c2} 会导通,将 C 点电压箝在 0;同理,在[t_{11}, t_{12}]时段,变压器原边电压 v_{CB} 为正,且其幅值高于 V_{in},而 Q_4 导通,B 点电压为 0,则 C 点会高于 V_{in},使箝位二极管 D_{c1} 导通,从而将 C 点电压箝在 V_{in}。因此,当变压器与滞后桥臂相连时,箝位二极管 D_{c1} 和 D_{c2} 同样能起到箝位的作用,消除输出整流二极管的电压振荡。与图 6.8(a)所示的全桥变换器相对应,我们称图 6.8(b)所示的全桥变换器为 Tr-Lag 型全桥变换器。

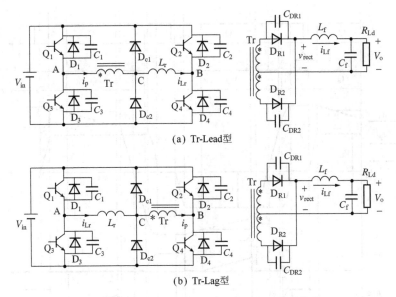

(a) Tr-Lead型

(b) Tr-Lag型

图 6.8 加箝位二极管的 ZVS PWM 全桥变换器

6.4 Tr-Lead 型 ZVS PWM 全桥变换器的工作原理

图 6.9 给出了 Tr-Lead 型 ZVS PWM 全桥变换器的主要波形。在一个开关周期中,该变换器共有 18 种开关模态。在分析前,作如下假设:

(1) 所有开关管、二极管均为理想器件(输出整流二极管除外,它等效为一个理想二极管和一个电容并联)。

(2) 所有电感、电容和变压器均为理想元件。

(3) $C_1 = C_3 = C_{lead}$,$C_2 = C_4 = C_{lag}$,$C_{DR1} = C_{DR2} = C_{DR}$。

(4) $L_f \gg L_r/K^2$,K 是变压器原副边匝比。

(5) 变压器的漏感极小,这里忽略不计。

图 6.10 给出了该变换器不同开关状态的等效电路,其工作情况描述如下。

1. 开关模态 0,t_0 时刻之前,对应图 6.10(a)

在 t_0 之前,Q_1 和 Q_4 导通,输出整流管 D_{R1} 导通,D_{R2} 截止,原边向副边提供能量。

2. 开关模态 1,$[t_0, t_1]$,对应图 6.10(b)

在 t_0 时刻关断 Q_1,原边电流 i_p 给 C_1 充电,同时给 C_3 放电,v_{AB} 下降。刚开始时,变压器原边电压 v_{AC} 保持不变,而 C 点电压随着 A 点电压的下降而下降。当 C 点电压下降到零时,箝位二极管 D_{c2} 导通,将 C 点电压箝在零位。接着,v_{AC} 因为 A 点电压的下降而开始下降,变压器副边的电压也相应地下降,使得输出整流二极管 D_{R2} 的结电容 C_{DR2} 放电,那么原边电流 i_p 下降。由于 C 点电压为零,加在谐振电感上的电压 $v_{CB} = 0$,i_{Lr} 保持不变,该电流大于 i_p,其差值流过 D_{c2}。由于 C 点电压在 t_0 时刻之前很

107

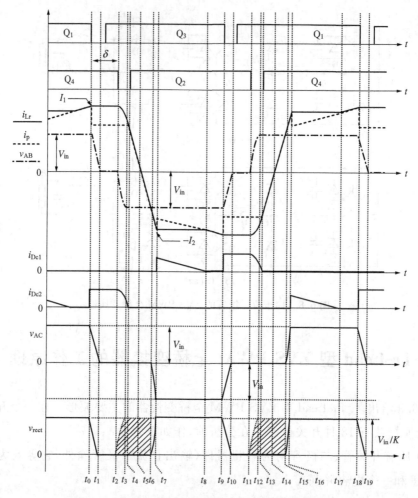

图 6.9　Tr-Lead 型 ZVS PWM 全桥变换器的主要波形

低,接近于零,因此其下降到零的时间很短,这里将其忽略了。

　　该模态的进一步等效电路如图 6.11 所示,其中 C'_{DR2} 为 C_{DR2} 折算至原边的等效电容。从图 6.11 中可以看出,输出滤波电感电流 i_{Lf} 一部分给 C_{DR2} 放电,其余部分折算到原边给 C_1 充电和给 C_3 放电。C_1、C_3 的电压 v_{C1}、v_{C3} 和 i_p、i_{Lr} 分别为

$$v_{C1}(t) = \frac{I_1}{2C_{lead} + C'_{DR}}(t - t_0) \tag{6.6}$$

$$v_{C3}(t) = v_{C'_{DR2}}(t) = V_{in} - \frac{I_1}{2C_{lead} + C'_{DR}}(t - t_0) \tag{6.7}$$

$$i_{Lr}(t) = I_1 \tag{6.8}$$

$$i_p(t) = \frac{2C_{lead}}{2C_{lead} + C'_{DR}}I_1 \tag{6.9}$$

式中,I_1 为输出滤波电感电流在 t_0 时刻折算到原边的值,$C'_{DR} = 4C_{DR}/K^2$。

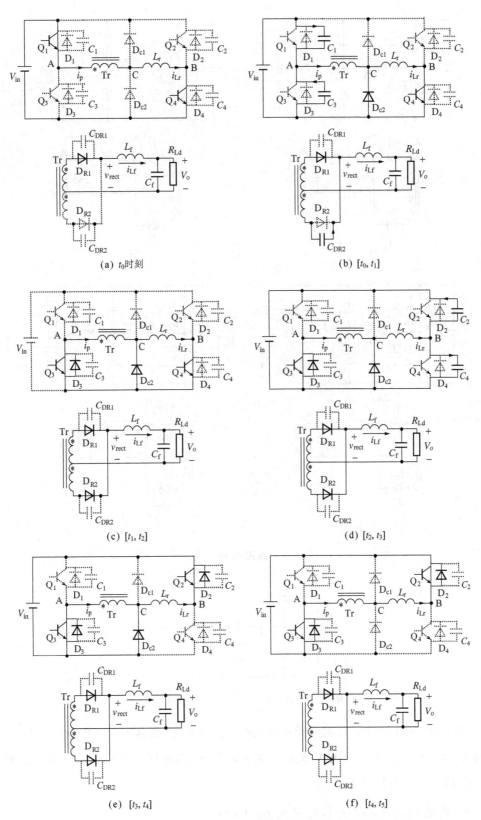

图 6.10 Tr-Lead 型 ZVS PWM 全桥变换器各开关模态的等效电路

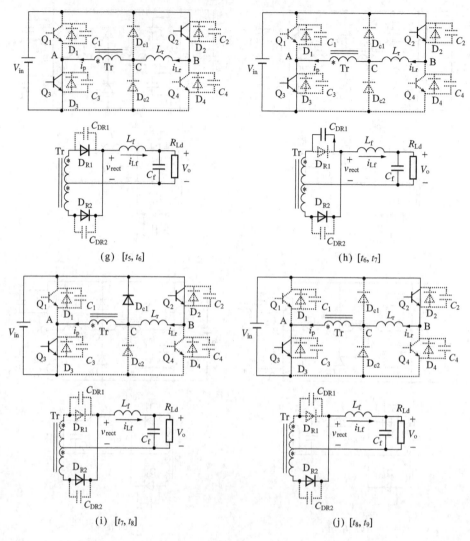

(g)　$[t_5, t_6]$　　　　　　　　　　(h)　$[t_6, t_7]$

(i)　$[t_7, t_8]$　　　　　　　　　　(j)　$[t_8, t_9]$

续图 6.10

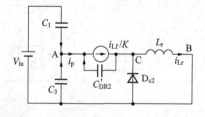

图 6.11　开关模态 1 的进一步等效电路

式(6.9)表明,i_p 在 t_0 时刻阶跃下降,而 i_{Lr} 保持不变,其高于 i_p 的部分流过 D_{c2}。由于有 C_1、C_3 和 C_{DR2},Q_1 是零电压关断。到 t_1 时刻,C_1 的电压上升到 V_{in},C_3 和 C_{DR2} 的电压下降到零,D_{R2} 自然导通。

3. 开关模态 2,$[t_1, t_2]$,对应图 6.10(c)

在 t_1 时刻,C_3 的电压下降到零,Q_3 的反并二极管自然导通,此时可以零电压开通

Q_3。在此开关模态中，$v_{AB}=0$，i_p 和 i_{Lr} 保持不变，D_{R1} 和 D_{R2} 同时导通。

4. 开关模态 3，$[t_2,t_3]$，对应图 6.10(d)

t_2 时刻关断 Q_4，i_{Lr} 给 C_4 充电，同时给 C_2 放电，由于 C_2 和 C_4 的存在，Q_4 是零电压关断。此时 $v_{AB}=-v_{C4}$，由于 D_{R1} 和 D_{R2} 都导通，变压器副边和原边电压均为零，副边整流后的电压 $v_{rect}=0$，v_{AB} 全部加在 L_r 上。此时，L_r 和 C_2、C_4 谐振工作，i_{Lr} 和 C_2、C_4 的电压分别为

$$i_{Lr}(t)=I_1\cos\omega_1(t-t_2) \tag{6.10}$$

$$v_{C4}(t)=Z_1 I_1\sin\omega_1(t-t_2) \tag{6.11}$$

$$v_{C2}(t)=V_{in}-Z_1 I_1\sin\omega_1(t-t_2) \tag{6.12}$$

式中，$Z_1=\sqrt{L_r/(2C_{lag})}$，$\omega_1=1/\sqrt{2L_r C_{lag}}$。

到 t_3 时刻，v_{C4} 上升至 V_{in}，v_{C2} 下降至 0，结束此开关模态。

5. 开关模态 4，$[t_3,t_4]$，对应图 6.10(e)

t_3 时刻，D_2 自然导通，此时可以零电压开通 Q_2。由于 i_p 不足以提供负载电流，D_{R1} 和 D_{R2} 依然同时导通，变压器副边和原边电压均为零，$v_{rect}=0$，D_{c2} 继续导通，V_{in} 全部反向加在 L_r 上，i_{Lr} 线性下降，即

$$i_{Lr}(t)=I_{Lr}(t_3)-\frac{V_{in}}{L_r}(t-t_3) \tag{6.13}$$

到 t_4 时刻，i_{Lr} 下降到与 i_p 相等，D_{c2} 自然关断。

6. 开关模态 5，$[t_4,t_5]$，对应图 6.10(f)

D_{R1} 和 D_{R2} 继续同时导通，$v_{rect}=0$，$v_{AC}=0$，V_{in} 全部反向加在 L_r 上，i_{Lr} 和 i_p 同时线性下降，即

$$i_p(t)=i_{Lr}(t)=I_{Lr}(t_4)-\frac{V_{in}}{L_r}(t-t_4) \tag{6.14}$$

到 t_5 时刻，i_p 降至零，D_2 和 D_3 自然关断。

7. 开关模态 6，$[t_5,t_6]$，对应图 6.10(g)

t_5 时刻，i_p 由正值过零，且向负方向增加，流经 Q_2 和 Q_3。由于 i_p 仍不足以提供负载电流，D_{R1} 和 D_{R2} 仍同时导通，$v_{rect}=0$。V_{in} 全部反向加在 L_r 上，i_{Lr} 和 i_p 线性下降，即

$$i_p(t)=i_{Lr}(t)=-\frac{V_{in}}{L_r}(t-t_5) \tag{6.15}$$

到 t_6 时刻，i_p 达到折算至原边的输出滤波电感电流 $-I_{Lf}(t_6)/K$，D_{R1} 关断，输出滤波电感电流全部流过 D_{R2}。

8. 开关模态 7，$[t_6,t_7]$，对应图 6.10(h)

从 t_6 时刻开始，L_r 与 C_{DR1} 谐振工作，给 C_{DR1} 充电，i_p 和 i_{Lr} 继续增加。i_p、i_{Lr} 和 C_{DR1} 电压的表达式分别为

$$i_p(t) = i_{Lr}(t) = \frac{I_{Lf}(t_6)}{K} + \frac{V_{in}}{Z_r}\sin\omega_r(t-t_6) \tag{6.16}$$

$$v_{CDR1}(t) = \frac{2V_{in}}{K}[1-\cos\omega_r(t-t_6)] \tag{6.17}$$

其中，$Z_r = \sqrt{L_r/C'_{DR}}$，$\omega_r = 1/\sqrt{L_r C'_{DR}}$。

在 t_7 时刻，C_{DR1} 的电压上升到 $2V_{in}/K$，同时 v_{AC} 下降到 $-V_{in}$，此时 C 点电压上升到 V_{in}，使箝位二极管 D_{c1} 导通，由此将 v_{AC} 箝在 $-V_{in}$，相应地，C_{DR1} 电压被箝在 $2V_{in}/K$。此时 i_p 和 i_{Lr} 为 $-I_2$，I_2 的大小为

$$I_2 = \frac{I_{Lf}(t_6)}{K} + \frac{V_{in}}{Z_r} \tag{6.18}$$

9. 开关模态 8，$[t_7, t_8]$，对应图 6.10(i)

当 D_{c1} 导通后，i_p 阶跃下降到折算到原边的 i_{Lf}，即 $i_p = -i_{Lf}/K$，而 i_{Lr} 保持 $-I_2$ 不变，它与 i_p 的差值从 D_{c1} 中流过。在这段时间里，i_{Lf} 线性增加，i_p 也随之反向线性增加，D_{c1} 的电流相应线性下降。i_p 的表达式为

$$i_p(t) = -\frac{V_{in}-KV_o}{K^2 L_f}(t-t_7) \tag{6.19}$$

到 t_8 时刻，i_p 和 i_{Lr} 相等，D_{c1} 自然关断，该模态结束。

10. 开关模态 9，$[t_8, t_9]$，对应图 6.10(j)

在此模态中，原边给副边提供能量，i_p 与 i_{Lr} 相等，其表达式与式(6.19)一样。

6.5　Tr-Lag 型 ZVS PWM 全桥变换器的工作原理

当变压器与滞后桥臂相联时，全桥变换器的工作原理和变压器与超前桥臂相联时有所不同。图 6.12 给出了 Tr-Lag 型 ZVS PWM 全桥变换器的主要工作波形。

1. 开关模态 1，t_0 时刻之前，对应图 6.13(a)

在 t_0 时刻之前，Q_1 和 Q_4 导通，D_{R1} 导通，D_{R2} 截止，原边向副边传递能量。

2. 开关模态 1，$[t_0, t_1]$，对应图 6.13(b)

t_0 时刻关断 Q_1，原边电流 i_p 给 C_1 充电，同时给 C_3 放电，v_{AB} 下降。由于有 C_1 和 C_3，Q_1 是零电压关断。随着 v_{AB} 的下降，变压器原边电压 v_{CB} 也下降，其副边电压相应下降，输出整流管 D_{R2} 的结电容 C_{DR2} 开始放电。该模态的进一步等效电路如图 6.14(a)所示。

电容 C_1、C_3 和 C'_{DR2} 的电压 v_{C1}、v_{C3}、$v_{C'_{DR2}}$ 和 i_p、i_{Lr} 分别为

$$v_{C1}(t) = \frac{C'_{DR}}{2\omega_2 C_{lead}(2C_{lead}+C'_{DR})}I_1\sin\omega_2(t-t_0) + \frac{1}{2C_{lead}+C'_{DR}}I_1(t-t_0) \tag{6.20}$$

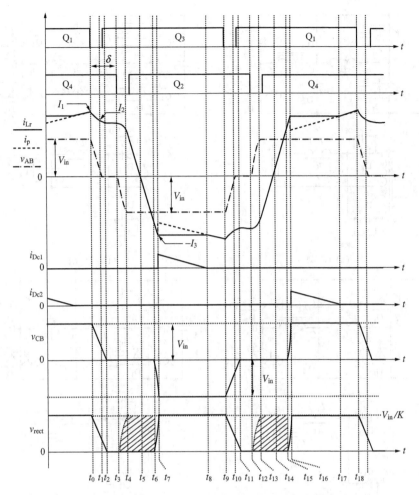

图 6.12 Tr-Lag 型 ZVS PWM 全桥变换器的主要波形

$$v_{C3}(t) = V_{in} - \frac{C'_{DR}}{2\omega_2 C_{lead}(2C_{lead}+C'_{DR})} I_1 \sin\omega_2(t-t_0) - \frac{1}{2C_{lead}+C'_{DR}} I_1(t-t_0)$$

$$(6.21)$$

$$v_{C'_{DR2}}(t) = V_{in} + \frac{1}{\omega_2(2C_{lead}+C'_{DR})} I_1 \sin\omega_2(t-t_0) - \frac{1}{2C_{lead}+C'_{DR}} I_1(t-t_0) \quad (6.22)$$

$$i_p(t) = i_{Lr}(t) = \frac{C'_{DR}}{2C_{lead}+C'_{DR}} I_1 \cos\omega_2(t-t_0) + \frac{2C_{lead}}{2C_{lead}+C'_{DR}} I_1 \quad (6.23)$$

式中，I_1 为输出滤波电感电流在 t_0 时刻折算到原边的电流，$\omega_2 = \sqrt{\dfrac{2C_{lead}+C'_{DR}}{2L_r C_{lead} C'_{DR}}}$。

由于 $[t_0, t_1]$ 时段很短，v_{C1} 和 v_{C3} 可近似为

$$v_{C1}(t) = \frac{I_1}{2C_{lead}+C'_{DR}}(t-t_0) \quad (6.24)$$

$$v_{C3}(t) = V_{in} - \frac{I_1}{2C_{lead}+C'_{DR}}(t-t_0) \quad (6.25)$$

t_1 时刻，C_1 的电压上升到 V_{in}，C_3 的电压下降到零，D_3 导通。

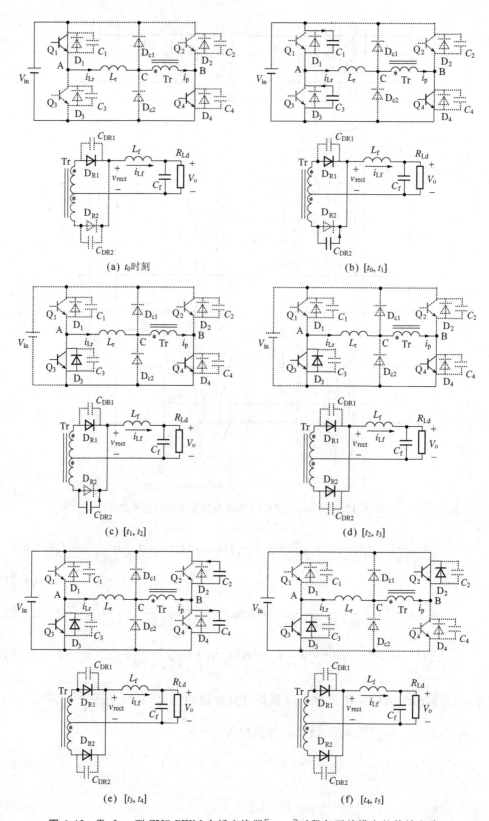

图 6.13 Tr-Lag 型 ZVS PWM 全桥变换器$[t_0, t_4]$时段各开关模态的等效电路

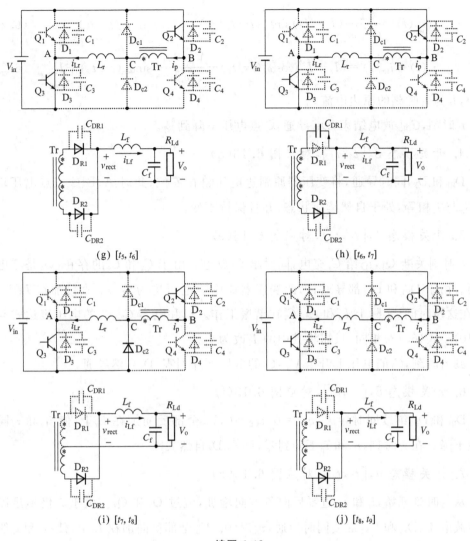

(g) [t_5, t_6]   (h) [t_6, t_7]

(i) [t_7, t_8]   (j) [t_8, t_9]

续图 6.13

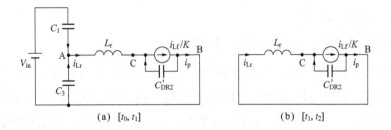

(a) [t_0, t_1]   (b) [t_1, t_2]

图 6.14 [t_0, t_1]和[t_1, t_2]时段的进一步等效电路

3. 开关模式 2, [t_1, t_2], 对应图 6.13(c)

D_3 导通后, 可以零电压开通 Q_3。当 A 点电位降为零时, C 点电压还没有下降到零, 此时 C_{DR2} 继续放电, i_{Lr} 和 i_p 继续下降。该模态的进一步等效电路如图 6.14(b)所示。电容 C'_{DR2} 的电压 $v_{C'_{DR2}}$ 和 i_p、i_{Lr} 分别为

$$v_{C'_{DR2}}(t) = \frac{1}{\omega_r C'_{DR}}(I_2 - I_1)\sin\omega_r(t - t_1) + V_{C'_{DR2}}(t_1)\cos\omega_r(t - t_1) \tag{6.26}$$

$$i_p(t) = i_{Lr}(t) = (I_2 - I_1)\cos\omega_r(t - t_1) - \frac{V_{C'_{DR2}}(t_1)}{\omega_r L_r}\sin\omega_r(t - t_1) + I_1 \tag{6.27}$$

式中，I_2 为 t_1 时刻的原边电流。

t_2 时刻，C_{DR2} 放电结束，D_{R2} 导通，C 点电压下降到零。

4. 开关模式 3，$[t_2, t_3]$，对应图 6.13(d)

D_{R1} 和 D_{R2} 同时导通，将变压器原副边电压箝在零位，此时 A、B、C 三点电压均为零，i_{Lr} 与 i_p 相等，处于自然续流状态，并且保持不变。

5. 开关模式 4，$[t_3, t_4]$，对应图 6.13(e)

t_3 时刻关断 Q_4，i_{Lr} 给 C_4 充电，同时给 C_2 放电。由于 C_2 和 C_4 的存在，Q_4 是零电压关断。由于 D_{R1} 和 D_{R2} 都导通，因此变压器原副边电压均为零，v_{AB} 直接加在 L_r 上，因此，在这段时间，实际上 L_r 和 C_2、C_4 在谐振工作。i_{Lr} 和电容 C_2、C_4 的电压表达式与式 (6.10)～式 (6.12) 相同，只需将其中的 I_1 改为 I_2。

到 t_4 时刻，C_4 的电压上升至 V_{in}，C_2 的电压下降到零，D_2 自然导通。

6. 开关模式 5，$[t_4, t_5]$，对应图 6.13(f)

D_{R1} 和 D_{R2} 继续同时导通，$v_{rect} = 0$，$v_{CB} = 0$，V_{in} 全部反向加在 L_r 上，使 i_{Lr} 和 i_p 同时线性下降。在 t_5 时刻，i_{Lr} 和 i_p 下降到零，D_2 和 D_3 自然关断。

7. 开关模式 6，$[t_5, t_6]$，对应图 6.13(g)

从 t_5 时刻开始，i_p 和 i_{Lr} 过零后向负方向增加，流过 Q_2 和 Q_3。由于 i_p 仍不足以提供负载电流，D_{R1} 和 D_{R2} 继续同时导通，$v_{rect} = 0$。V_{in} 全部反向加在 L_r 上，使 i_{Lr} 和 i_p 线性下降。在 t_6 时刻，i_p 达到折算至原边的输出滤波电感电流 $-I_{Lf}(t_6)/K$，D_{R1} 关断，输出滤波电感电流全部流过 D_{R2}。

8. 开关模式 7，$[t_6, t_7]$，对应图 6.13(h)

从 t_6 时刻开始，L_r 与 C_{DR1} 谐振工作，给 C_{DR1} 充电，i_p 和 i_{Lr} 继续增加。在 t_7 时刻，C_{DR1} 的电压上升到 $2V_{in}/K$，同时 v_{CB} 下降到 $-V_{in}$。由于 B 点电压为 V_{in}，因此 C 点电压降到零，使箝位二极管 D_{c2} 导通，将 v_{CB} 箝在 $-V_{in}$，相应地，C_{DR1} 电压被箝在 $2V_{in}/K$。此时 i_p 和 i_{Lr} 为 $-I_3$，I_3 的大小为

$$I_3 = \frac{I_{Lf}(t_6)}{K} + \frac{V_{in}}{Z_r} \tag{6.28}$$

9. 开关模式 8，$[t_7, t_8]$，对应图 6.13(i)

当 D_{c2} 导通后，i_p 阶跃下降到折算到原边的 i_{Lf}，即 $i_p = -i_{Lf}/K$，而 i_{Lr} 保持 $-I_3$ 不变，它与 i_p 的差值从 D_{c2} 中流过。在这段时间里，i_{Lf} 线性增加，i_p 也随之反向线性增加，

D_{c2} 的电流相应线性下降。到 t_8 时刻，i_p 和 i_{Lr} 相等，D_{c2} 自然关断，该模态结束。

10. 开关模态 9，$[t_8, t_9]$，对应图 6.13(j)

在此模态中，原边给副边提供能量，i_p 与 i_{Lr} 相等，其表达式与式(6.19)一样。

6.6 Tr-Lead 型和 Tr-Lag 型 ZVS PWM 全桥变换器的比较

6.6.1 箝位二极管的导通次数

从图 6.9 中可以看出，当变压器与超前桥臂相联时，箝位二极管在一个开关周期内导通两次，如 D_{c1} 在 $[t_7, t_8]$ 和 $[t_9, t_{13}]$ 时段导通，其中只有 $[t_7, t_8]$ 时段的导通与消除输出整流二极管上的电压振荡有关。从图 6.12 中可以看出，当变压器与滞后桥臂相联时，箝位二极管在一个开关周期内只导通一次，如 D_{c1} 只在 $[t_7, t_8]$ 时段导通，以消除输出整流二极管上的电压振荡，而在 $[t_9, t_{13}]$ 时段不再导通。

当变压器与超前桥臂相联时，箝位二极管与消除输出整流二极管上的电压振荡无关的那次导通发生在超前桥臂开关的时候。观察图 6.10(a) 和 (b) 可以发现，当 Q_1 和 Q_4 导通时，由于谐振电感相对于折算到原边的滤波电感较小，C 点电压接近于零。当超前管 Q_1 关断时，A 点电压下降，变压器原边电压 v_{AC} 也下降，这样 C 点电压也会下降，并且会低于零，从而迫使箝位二极管 D_{c2} 导通。类似地，当超前管 Q_3 关断时，A 点电压上升，C 点电压也会上升，并且会高于 V_{in}，由此导致箝位二极管 D_{c1} 导通。

当变压器与滞后桥臂相联时，观察图 6.13(b)，在超前管 Q_1 关断之前，C 点电压略低于 V_{in}。当超前管 Q_1 关断时，A 点电压下降，变压器原边电压 v_{CB} 也下降。而由于 Q_4 导通，B 点电压为零。C 点电压虽然下降，但它高于零，因此箝位二极管 D_{c2} 不会导通。类似地，当超前管 Q_3 关断时，箝位二极管 D_{c1} 也不会导通。

相比于 Tr-Lead 型全桥变换器，Tr-Lag 型全桥变换器中的箝位二极管只导通一次，因此其电流应力要小一些。

6.6.2 开关管的零电压开关实现

1. 超前桥臂

对于 Tr-Lead 型全桥变换器，从图 6.11 可以看出，为了实现超前桥臂的 ZVS，必须有足够的能量来：①抽走即将开通的开关管的结电容上的全部电荷；②给关断的开关管的结电容充电；③抽走截止输出整流二极管结电容上的全部电荷。该能量由输出滤波电感提供。

对于 Tr-Lag 型全桥变换器,从图 6.14(a)可以看出,为了实现超前桥臂的 ZVS,必须有足够的能量来:①抽走即将开通的开关管的结电容上的全部电荷;②给关断的开关管的结电容充电;③抽走截止输出整流管的结电容上的部分电荷。该能量由谐振电感和输出滤波电感提供。

从上面的分析可以看出,Tr-Lag 型全桥变换器的超前管实现 ZVS 比 Tr-Lead 型全桥变换器略微容易一些。

2. 滞后桥臂

从 6.4 节和 6.5 节的分析可以看出,无论是 Tr-Lead 型全桥变换器还是 Tr-Lag 型全桥变换器,为了实现滞后桥臂的 ZVS,需要足够的能量来抽走即将开通的开关管的结电容上的全部电荷,并给关断的开关管的结电容充电。因此所需能量是一样的。对于 Tr-Lead 型全桥变换器,在滞后管关断之前,谐振电感被箝位二极管短路,其电流始终保持在超前管关断时折算到原边的输出滤波电感电流不变。而对于 Tr-Lag 型全桥变换器来说,其超前管关断时,谐振电感与开关管和输出整流二极管的结电容发生谐振,其电流从折算到原边的输出滤波电流开始下降。因此,在滞后桥臂开关时,Tr-Lag 型全桥变换器中谐振电感电流小于 Tr-Lead 型全桥变换器的谐振电感电流,这样 Tr-Lag 型全桥变换器的滞后桥臂实现 ZVS 相对于 Tr-Lead 型全桥变换器来说要困难一些。

6.6.3　零状态时的导通损耗

从图 6.9 和图 6.12 可以看出,在零状态时,Tr-Lag 型全桥变换器的谐振电感电流比 Tr-Lead 型变换器的小,因此它在原边回路中的导通损耗较小,其变换效率要高一些。

6.6.4　占空比丢失

占空比丢失与谐振电感电流从正向(或负向)变化到负向(或正向)的折算到原边的滤波电感电流所需过渡时间成正比,由于 Tr-Lag 型变换器中谐振电感电流的正向(或负向)的值小,因此占空比丢失有所减小,从而可以适当增加原副边的变比,进一步降低变换器的通态损耗,提高变换效率。

6.6.5　隔直电容的影响

在实际电路中,斜对角的开关管 Q_1 和 Q_4 的导通时间和通态压降不可能与另一对斜对角的开关管 Q_2 和 Q_3 的完全相同,也就是说 v_{AB} 不可能是一个纯粹的交流电压,而是含有一定的直流分量。由于高频变压器原边绕组电阻很小,即使这个直流分量很小,它长时间作用也会导致铁心直流磁化直至饱和,因此抑制直流分量是全桥变换器的一个重要问题。抑制直流分量可采用电流瞬时控制技术,例如采用电流峰值控制方法,保证在 Q_1 和 Q_4 导通期末的电流与 Q_2 和 Q_3 导通期末的电流相同,就可防止变压器直流磁化;也可直接检测 v_{AB} 的直流分量,在出现正(或负)的直流分量时,减小 Q_1 和 Q_4(或 Q_2 和 Q_3)的导通时间,从而减小直流分量。在工程上,通常在变压器原边电路中串接隔直电容 C_b,根据它与变压器或谐振电感的串联关系,有四种可能的全桥变换器电路拓扑,如图 6.15 所示。

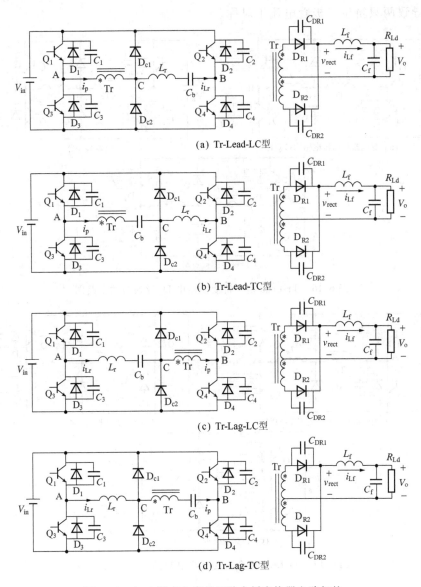

(a) Tr-Lead-LC型

(b) Tr-Lead-TC型

(c) Tr-Lag-LC型

(d) Tr-Lag-TC型

图 6.15 加入隔直电容的四种全桥变换器电路拓扑

1. Tr-Lead 型全桥变换器

对于 Tr-Lead 型全桥变换器来说,箝位二极管在一个开关周期中导通两次,一次是在零状态时,此时谐振电感和变压器均被短路,另一次是在将输出整流二极管电压箝位之后一段时间,此时只有谐振电感被短路。图 6.16 和图 6.17 分别示出了箝位二极管 D_{c1} 和 D_{c2} 导通时电路工作的原理(仅给出原边部分)。如果隔直电容与谐振电感串联,谐振电感被短路时的等效电路如图 6.18(a)所示,假设 C_b 上的直流分量方向为左正右负,则该直流分量会造成谐振电感电流 i_{Lr} 正负半周不对称;如果隔直电容与变压器串联,变压器被短路的等效电路如图 6.18(b)所示,C_b 上的直流电压量会作用在变压器的漏感上,造成其原边电流 i_p 正负半周不对称。i_p 或 i_{Lr} 的正负半周不对称都将会导致两只箝位二极管电流不对称。

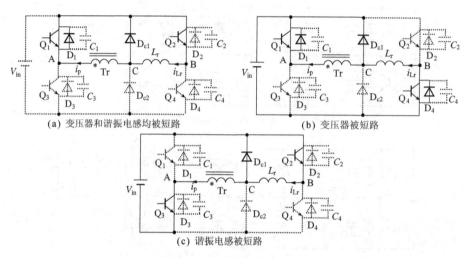

(a) 变压器和谐振电感均被短路　　　　　(b) 变压器被短路

(c) 谐振电感被短路

图 6.16　Tr-Lead 型全桥变换器中 D_{c1} 导通时的电路图

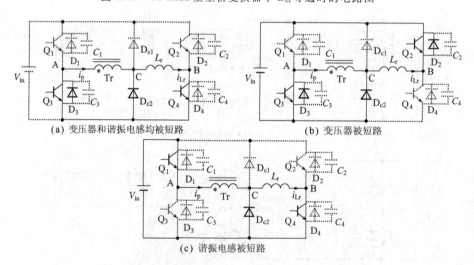

(a) 变压器和谐振电感均被短路　　　　　(b) 变压器被短路

(c) 谐振电感被短路

图 6.17　Tr-Lead 型全桥变换器中 D_{c2} 导通时的电路图

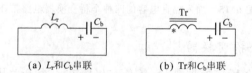

(a) L_r 和 C_b 串联　　　　　(b) Tr 和 C_b 串联

图 6.18　箝位二极管导通时的等效电路

2. Tr-Lag 型全桥变换器

对于 Tr-Lag 型变换器来说,箝位二极管只是在将输出整流二极管电压被箝位之后一段时间内导通,如图 6.19 所示。此时只有谐振电感被短路,并不会出现 Tr-Lead 型中箝位二极管将变压器短路的现象。因此类似于 Tr-Lead 型变换器,如果隔直电容与谐振电感串联,则 C_b 上的直流电压分量会造成谐振电感电流正负半周不对称;而如果将隔直电容与变压器串联,由于不可能出现图 6.18(b) 所示的情况,所以 C_b 上的直流电压分量不会导致原边电流正负半周不对称。

原边电流与谐振电感电流在正负半周出现不对称,将会影响变换器的可靠工作。基于上述分析可知,图 6.15(d) 所示的电路结构是最优的,即在 Tr-lag 型全桥变换器中引入隔直电容与变压器串联,以避免变压器直流磁化。

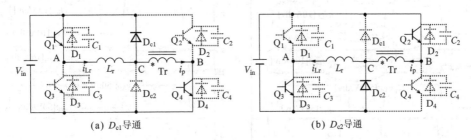

(a) D_{c1} 导通　　　　　　　　　　(b) D_{c2} 导通

图 6.19 Tr-Lag 型全桥变换器中箝位二极管导通时的电路图

6.7 实验结果和分析

为了验证加箝位二极管的 ZVS PWM 全桥变换器的工作原理,并对图 6.15 所示的四种电路进行比较,在实验室中完成了一台 3kW 的原理样机,其主要性能指标如下:

- 输入直流电压为 $V_{in} = 270V \pm 10\%$。
- 输出直流电压 $V_o = 28.5V$。
- 输出电流 $I_o = 100A$。

原理样机所采用的主要元器件参数如下。

- Q_1(D_1 和 C_1)～Q_4(D_4 和 C_4):SPW47N60S5(47A/650V);
- 输出整流管 D_{R1} 和 D_{R2}:DSEI2×121-02A。
- 箝位二极管 D_{c1} 和 D_{c2}:DSEI12-06A。
- 谐振电感 $L_r = 4\ \mu H$。
- 隔直电容 $C_b = 5\ \mu F$。
- 变压器原副边匝比 $K = 6.5$。
- 输出滤波电感 $L_f = 3\ \mu H$。

- 输出滤波电容 $C_f = 2200\ \mu F \times 6$。
- 开关频率 $f_s = 100kHz$。

图 6.20 给出了四种不同的全桥变换器电路结构的实验波形,从上到下依次是原边电流 i_p、谐振电感电流 i_{Lr}、箝位二极管 D_{c1} 和 D_{c2} 的电流波形及变压器原边电压 v_{AB} 和副边整流电压 v_{rect}。从图中可以看出, v_{rect} 基本上没有电压振荡和尖峰,因此加入箝位二极管后,每种电路都有效地消除了输出整流二极管上的电压尖峰。在一个开关周期中,Tr-Lead 型的箝位二极管导通两次,而 Tr-Lag 型的箝位二极管只导通一次。在零状态时,Tr-Lag 型的 i_{Lr} 比较小,这样导通损耗较小。

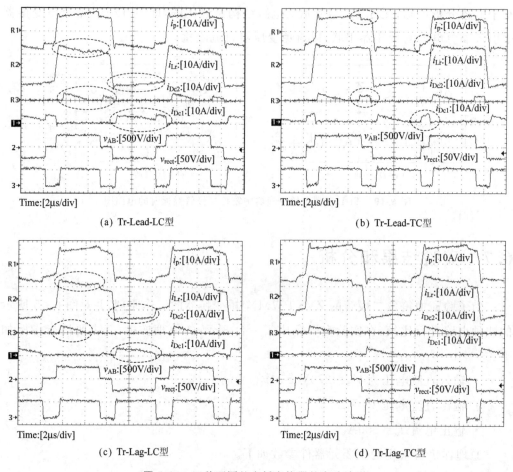

(a) Tr-Lead-LC型

(b) Tr-Lead-TC型

(c) Tr-Lag-LC型

(d) Tr-Lag-TC型

图 6.20 四种不同的全桥变换器的实验波形

无论是 Tr-Lead 型还是 Tr-Lag 型,当隔直电容与谐振电感串联时,其直流分量都导致了谐振电感电流正负半周不对称,因此两只箝位二极管的电流也相应不对称,如图 6.20(a)和(c)所示。对于 Tr-Lead 型来说,当隔直电容与变压器串联时,其直流分量导致了变压器原边电流正负半周不对称,两只箝位二极管的电流也相应不对称,如图 6.20(b)所示。对于 Tr-Lag 型来说,不存在变压器被短路的情况,因此当隔直电容与变压器串联时,其直流分量不会导致变压器原边电流正负半周不对称,其谐振电感电流和箝位二极管电流均是正负对称的,如图 6.20(d)所示。因此,图 6.15(d)所示电路结构是最佳的。

图 6.21 给出了超前管 Q_1 和滞后管 Q_2 的驱动信号 v_{GS}、漏-源极电压 v_{DS} 和漏极电流 i_D,该图表明,它们关断时,其结电容使它们实现零电压关断;而当它们开通时,其反并二极管已经导通,将漏-源极电压箝在零,因而实现了零电压开通。也就是说,超前管和滞后管均实现了 ZVS。

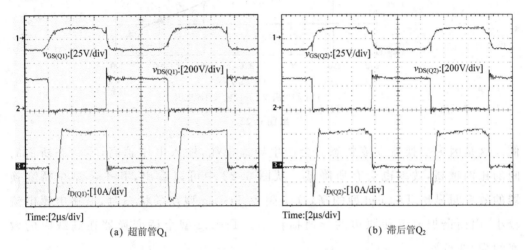

(a) 超前管Q_1 (b) 滞后管Q_2

图 6.21 开关管的 v_{GS}、v_{DS} 和 i_D 的实验波形

图 6.22 给出了 Tr-Lead 型和 Tr-Lag 型全桥变换器的效率曲线。图 6.22(a)是在额定输入直流电压 270V,不同输出电流下的效率曲线。图 6.22(b)是在满载 100A,不同输入电压下的效率曲线。从中可以看出,当负载不变时,效率随输入电压的升高而降

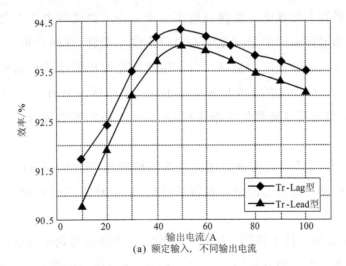

(a) 额定输入,不同输出电流

图 6.22 Tr-Lead 型和 Tr-Lag 型全桥变换器的变换效率对比曲线

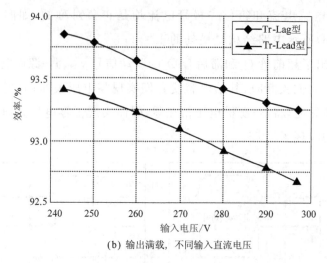

(b) 输出满载, 不同输入直流电压

续图 **6.22**

低。这是因为变换器在零状态时会产生导通损耗,输入电压越高,零状态所占时间的比例越高,效率也会有所降低。从图 6.22 中可以看出,Tr-Lag 型全桥变换器的效率明显比 Tr-Lead 型的高,这是因为 Tr-Lag 型在零状态时,谐振电感电流较小,因而谐振电感和原边的导通损耗小。Tr-Lag 型全桥变换器在满载时的效率约为 93.5%。

▰▰▰ 本章小结 ▰▰▰

在 ZVS PWM 全桥变换器中,谐振电感和输出整流二极管的结电容谐振工作,导致输出整流二极管上出现电压振荡和电压尖峰。为了消除该电压振荡和电压尖峰,可以在变压器和谐振电感的连接点引入两只箝位二极管,这两只箝位二极管的另一端分别接到输入电源的正端和负端。当变压器与超前桥臂或滞后桥臂相联,引入箝位二极管后的全桥变换器的工作原理有所不同。本章详细分析了 Tr-Lead 型全桥变换器和 Tr-Lag 型全桥变换器的工作原理,并对这两种变换器进行了对比分析,得到以下结论:

(1) 无论变压器是与超前桥臂还是与滞后桥臂相联,引入箝位二极管后都可以有效消除输出整流二极管上的电压振荡,可以使输出整流二极管的电压应力降低将近一半。

(2) Tr-Lead 型全桥变换器的箝位二极管在一个开关周期中导通两次,只有一次与消除输出整流二极管的电压振荡有关;Tr-Lag 型变换器的箝位二极管在一个开关周期中只导通一次,因此其电流应力比 Tr-Lead 型的箝位二极管的低。

(3) 与 Tr-Lead 型全桥变换器相比,Tr-Lag 型全桥变换器的超前管略微容易实现零电压开关,而滞后管实现零电压开关则略微困难。

（4）与 Tr-Lead 型全桥变换器相比，Tr-Lag 型全桥变换器的谐振电感电流在零状态时要小一些，因而其导通损耗较小，变换效率较高。

（5）Tr-Lag 全桥型变换器的占空比丢失略小于 Tr-Lead 型全桥变换器。

本章还对隔直电容位置不同而衍生出的四种电路拓扑进行了比较，其中在 Tr-Lag 型全桥变换器中引入隔直电容与变压器串联是最佳方案。

第7章
利用电流互感器使箝位二极管
电流快速复位的 ZVS PWM
全桥变换器

7.1 引　言

在 ZVS PWM 全桥变换器中,变压器漏感或外加谐振电感用来实现开关管的 ZVS。当变换器的开关模态从 0 状态($v_{AB}=0$)切换到 +1 状态($v_{AB}=+V_{in}$)或 -1 状态($v_{AB}=-V_{in}$)时,输出整流二极管开始换流,此时变压器漏感或外加谐振电感与输出整流二极管的结电容发生谐振,在输出整流二极管引起电压振荡和电压尖峰,输出整流二极管电压应力较高。在第 6 章中,通过在全桥变换器原边引入两只箝位二极管,有效消除了输出整流二极管的电压振荡和电压尖峰,并保留了 ZVS PWM 全桥变换器实现 ZVS 的优点。

由图 6.9 和图 6.12 可以看到,当全桥变换器从 0 状态切换到 +1 状态或 -1 状态时,箝位二极管导通,从而消除输出整流二极管上的电压振荡。箝位二极管中流过的电流为谐振电感电流和原边电流之差,其初始电流为谐振电流,该电流的大小等于 V_{in}/Z_r,其中 Z_r 为谐振电感与折算到原边的输出整流二极管结电容的特征阻抗。随着输出滤波电感电流的上升,箝位二极管的电流相应下降。输出滤波电感一般设计得比较大,以减小其电流脉动,因此输出滤波电感电流上升得较慢,这样箝位二极管电流也下降得较慢,在超前桥臂开关管、谐振电感和箝位二极管中造成较大的导通损耗。如果在 +1 状态或 -1 状态时,输出滤波电感电流的上升量小于谐振电流,那么箝位二极管的导通时间将达到半个开关周期。

文献[38]~[42]都只分析了重载时加箝位二极管的全桥变换器的工作原理。当负载较轻时,尤其是在空载时,箝位二极管的工作情况与重载时有很大的不同,它的导通时间将会达到半个开关周期,造成很大的导通损耗。而且,箝位二极管是硬关断,存在严重的反向恢复。因此,箝位二极管在轻载时很容易损坏,尤其是在输入电压较高时[47]。

为了减小超前桥臂开关管、谐振电感和箝位二极管的导通损耗,尤其是避免轻载时箝位二极管的硬关断,有必要使箝位二极管电流快速减小到零。

本章首先分析轻载时加箝位二极管的全桥变换器的工作原理,尤其是箝位二极管的工作情况;接着提出箝位二极管电流的几种复位方法,并进行比较;然后分析加入电流互感器复位电路的全桥变换器的工作原理,该复位方式不仅可以在全负载范围内使箝位二极管电流快速复位,而且将谐振电感上多余的能量(该能量对应于谐振电感和输出整流二极管结电容的谐振电流)回馈到输入电源中,由此可以提高变换效率[48,49];本章最后研制了一台输出 54V/20A 的原理样机,并进行实验验证,实验结果表明电流互感器复位电路可以有效实现箝位二极管的电流复位。

7.2　加箝位二极管的 ZVS PWM 全桥变换器轻载时的工作情况

本节分析加箝位二极管的 ZVS PWM 全桥变换器在轻载时的工作原理。在第 6 章已讨论过,加箝位二极管的全桥变换器的变压器可以与超前桥臂相连,也可以与滞后桥臂相连,后者的效率较高。因此,本章以 Tr-Lag 型全桥变换器为例进行分析。为了阐述方便,将该变换器重画于此,如图 7.1 所示。图 7.2 给出了轻载时的主要波形,当负载大小不同时,变换器有两种工作状况。为了突出箝位二极管的工作情况,图 7.2 中忽略了开关管的开关过程。在分析中,除输出整流二极管 D_{R1} 和 D_{R2} 以外,所有开关管、二极管、电感、电容和变压器均假设为理想元器件。为了模拟其反向恢复,D_{R1} 和 D_{R2} 等效为一个理想二极管和一个电容并联,且 $C_{DR1} = C_{DR2} = C_{DR}$。

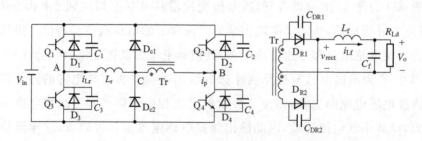

图 7.1　加箝位二极管的 ZVS PWM 全桥变换器

图 7.3 给出了不同开关模态下的等效电路,各开关模态的工作情况描述如下:

t_0 时刻之前,Q_1 和 Q_4 导通,D_{R1} 导通,D_{R2} 截止,原边向副边传递能量,如图 7.3(a)所示。输出整流后的电压 v_{rect} 等于 V_{in}/K,输出滤波电感电流 i_{Lf} 和变压器原边电流 i_p 线性增加(这里 $i_p = i_{Lf}/K$,K 为变压器原副边匝比),谐振电感电流 i_{Lr} 几乎保持不变,它与 i_p 的差值从箝位二极管 D_{c1} 中流过(箝位二极管为什么导通将在后面解释)。

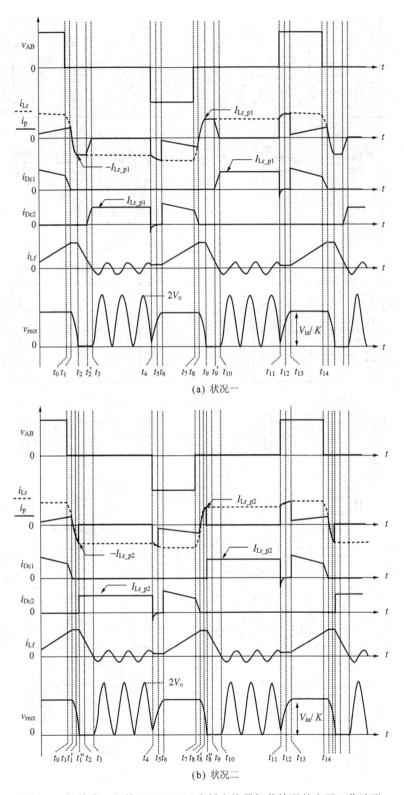

(a) 状况一

(b) 状况二

图 7.2 加箝位二极管 ZVS PWM 全桥变换器轻载情况的主要工作波形

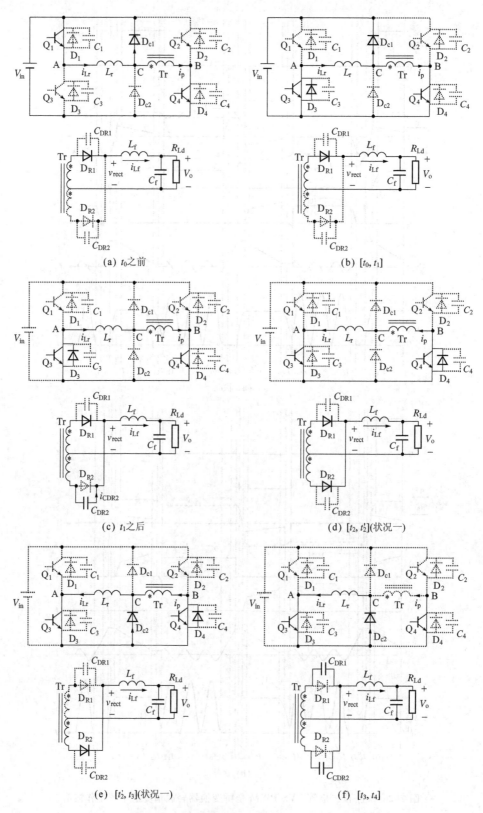

图 7.3　轻载情况下的各开关模态等效电路

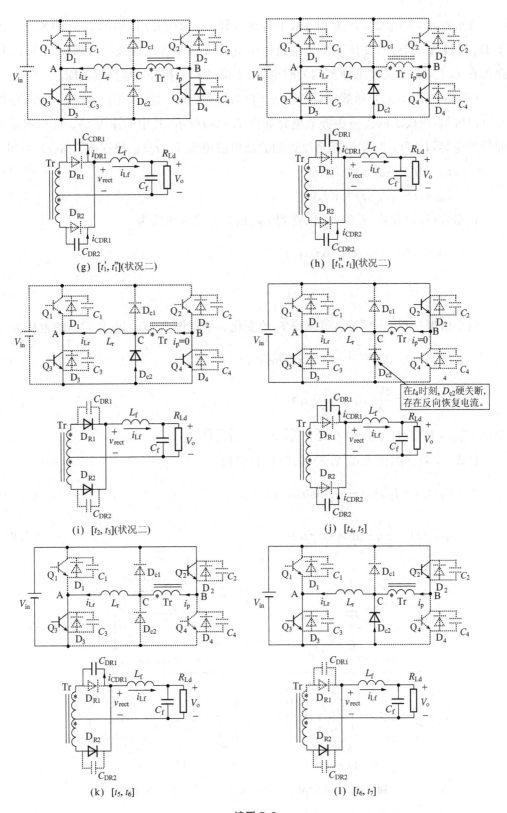

(g) $[t_1', t_1'']$(状况二)

(h) $[t_1'', t_1]$(状况二)

(i) $[t_2, t_3]$(状况二)

(j) $[t_4, t_5]$

在t_4时刻，D_{c2}硬关断，存在反向恢复电流。

(k) $[t_5, t_6]$

(l) $[t_6, t_7]$

续图 7.3

在 t_0 时刻，关断 Q_1，开通 Q_3，由于负载较轻，Q_3 为硬开通，如图 7.3(b)所示。由于 D_{c1} 和 Q_4 依然导通，变压器原边绕组电压 $v_{CB}=V_{in}$，i_{Lf} 和 i_p 继续线性增加。而 V_{in} 反向加在 L_r 上，使 i_{Lr} 线性下降。到 t_1 时刻，i_{Lr} 下降到和 i_p 相等，D_{c1} 自然关断。

t_1 时刻之后，C_{DR2} 开始放电，同时 i_{Lr} 下降，此时实质上是 L_r 与 C_{DR2} 谐振工作，如图 7.3(c)所示，该模态的进一步等效电路如图 7.4(a)所示，其中 C'_{DR} 为 C_{DR2} 折算到原边的等效电容，I'_{Lf} 为 t_1 时刻折算至原边的滤波电感电流 $I_{Lf}(t_1)$。根据图 7.3(c)，可得

$$i_{DR1}(t)+i_{CDR2}(t)=i_{Lf}(t) \tag{7.1}$$

$$i_{DR1}(t)-i_{CDR2}(t)=Ki_p(t) \tag{7.2}$$

根据式(7.1)和式(7.2)，可以得到 i_{DR1} 和 i_{CDR2} 的表达式为

$$i_{DR1}(t)=\frac{1}{2}(i_{Lf}(t)+Ki_p(t)) \tag{7.3}$$

$$i_{CDR2}(t)=\frac{1}{2}(i_{Lf}(t)-Ki_p(t)) \tag{7.4}$$

由于谐振过程时间很短，可忽略 i_{Lf} 的变化。根据图 7.4(a)，i_p 和 C_{DR2} 的电压为

$$i_p(t)=i_{Lr}(t)=\frac{I_{Lf}(t_1)}{K}-\frac{V_{in}}{Z_{r1}}\sin\omega_1(t-t_1) \tag{7.5}$$

$$v_{CDR2}(t)=\frac{2V_{in}}{K}\cos\omega_1(t-t_1) \tag{7.6}$$

式中，$C'_{DR}=4C_{DR}/K^2$，$\omega_1=1/\sqrt{L_rC'_{DR}}$，$Z_{r1}=\sqrt{L_r/C'_{DR}}$。

将式(7.5)分别代入式(7.3)和式(7.4)可得

$$i_{DR1}(t)=I_{Lf}(t_1)-\frac{KV_{in}}{2Z_{r1}}\sin\omega_1(t-t_1) \tag{7.7}$$

$$i_{CDR2}(t)=\frac{KV_{in}}{2Z_{r1}}\sin\omega_1(t-t_1) \tag{7.8}$$

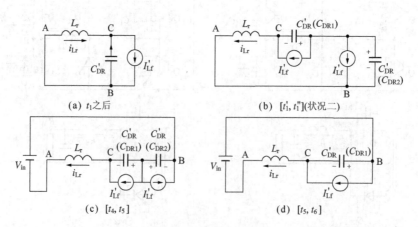

图 7.4　轻载情况下的各开关模态的进一步等效电路

从式(7.5)和式(7.6)可以看出，如果 $I_{Lf}(t_1)/K \geqslant V_{in}/Z_{r1}$，则当 v_{CDR2} 下降到零时，i_{Lr} 仍然是正值，此后变换器将工作在续流状态，箝位二极管中没有电流，后续工作情

况与第 6 章所介绍的重载时的一样,这里不再赘述。如果 $I_{Lf}(t_1)/K < V_{in}/Z_{r1}$,则变换器存在两种工作状况,与第 6 章分析的不一样,下面分别加以讨论。

1. 状况一:$0.5V_{in}/Z_{r1} \leqslant I_{Lf}(t_1)/K < V_{in}/Z_{r1}$[对应图 7.2(a)]

从式(7.5)~式(7.7)可以看出,如果 $0.5V_{in}/Z_{r1} \leqslant I_{Lf}(t_1)/K < V_{in}/Z_{r1}$,那么当 v_{CDR2} 在 t_2 时刻下降到零时,i_{Lr} 和 i_p 相等并已变为负值,其大小为

$$I_{Lr}(t_2) = \frac{I_{Lf}(t_1)}{K} - \frac{V_{in}}{Z_{r1}} \triangleq -I_{Lr\_p1} \tag{7.9}$$

式中,$I_{Lr\_p1} = \frac{V_{in}}{Z_{r1}} - \frac{I_{Lf}(t_1)}{K}$;而 i_{DR1} 依然为正值,即 D_{R1} 继续导通。

t_2 时刻之后,D_{R2} 开始导通,如图 7.3(d)所示。由于两只输出整流管同时导通,因而变压器原副边电压均为零,那么 $v_{rect} = 0$,i_{Lf} 线性下降。而谐振电感 L_r 两端电压为零,i_{Lr} 和 i_p 保持 $-I_{Lr\_p1}$ 不变,经过 Q_3 和 $Q_4(D_4)$ 续流。两只输出整流二极管的电流大小分别为

$$i_{DR1}(t) = \frac{1}{2}(i_{Lf}(t) + Ki_p(t)) = \frac{1}{2}(i_{Lf}(t) - KI_{Lr\_p1}) \tag{7.10}$$

$$i_{DR2}(t) = \frac{1}{2}(i_{Lf}(t) - Ki_p(t)) = \frac{1}{2}(i_{Lf}(t) + KI_{Lr\_p1}) \tag{7.11}$$

随着 i_{Lf} 的线性下降,两只输出整流二极管的电流也在线性下降。在 t_2' 时刻,i_{Lf} 下降到等于 KI_{Lr_p1} 时,i_{DR1} 下降到零,而 D_{R2} 继续导通。

t_2' 时刻之后,i_{Lf} 继续下降,而 $i_p = -i_{Lf}/K$,它也相应地负方向减小,其绝对值小于谐振电感电流 i_{Lr} 的绝对值,此时箝位二极管 D_{c2} 导通,将 C 点电位箝在零电位,如图 7.3(e)所示。由于 Q_3 和 D_{c2} 导通,i_{Lr} 保持不变,其与 i_p 的差值流过 D_{c2}。

在 t_3 时刻,i_{Lf} 下降到零,D_{R2} 关断,C_{DR1} 和 C_{DR2} 开始并联与 L_f 谐振,变压器原副边电压为零,原边电流 i_p 也为零,而 i_{Lr} 继续经 Q_3 和 D_{c2} 续流,如图 7.3(f)所示。

2. 状况二:$I_{Lf}(t_1)/K < 0.5V_{in}/Z_{r1}$[对应图 7.2(b)]

根据式(7.5)~式(7.7),如果 $I_{Lf}(t_1)/K < 0.5V_{in}/Z_{r1}$,则当 i_{DR1} 在 t_1' 时刻下降到零时,v_{CDR2} 仍大于零,即 C_{DR2} 上的电荷还没有完全放光,此时 i_{Lr}、i_p 和 v_{CB} 的表达式分别为

$$I_{Lr}(t_1') = I_p(t_1') = -I_{Lf}(t_1)/K \tag{7.12}$$

$$V_{CB}(t_1') = \frac{KV_{CDR2}(t_1')}{2} = \sqrt{V_{in}^2 - \left(\frac{2I_{Lf}(t_1) \cdot Z_{r1}}{K}\right)^2} \tag{7.13}$$

式(7.12)表明,在 t_1' 时刻之前,i_{Lr} 和 i_p 均已反向。t_1' 时刻之后,D_{R1} 关断,C_{DR1} 被充电,C_{DR2} 继续放电,等效于 C_{DR1}、C_{DR2} 与 L_r 一起谐振工作,i_p 和 i_{Lr} 继续负向增加,而 v_{rect} 和 v_{CB} 继续下降,如图 7.3(g)所示,该模态的进一步等效电路如图 7.4(b)所示。其中 C_{DR}' 为 C_{DR1} 和 C_{DR2} 折算到原边的等效电容,I_{Lf}' 为 t_1 时刻折算至原边的输出滤波

电感电流。根据图 7.4(b)，i_p、i_{Lr} 和 v_{CB} 的表达式为

$$i_{Lr}(t) = i_p(t) = -\frac{V_{CB}(t'_1)}{\sqrt{2}Z_{r1}}\sin\left[\sqrt{2}\omega_1(t-t'_1)\right] - \frac{I_{Lf}(t_1)}{K}\cos\left[\sqrt{2}\omega_1(t-t'_1)\right]$$

$$\tag{7.14}$$

$$v_{CB}(t) = V_{CB}(t'_1)\cos\left[\sqrt{2}\omega_1(t-t'_1)\right] - \frac{I_{Lf}(t_1)}{K}\sqrt{2}Z_{r1}\sin\left[\sqrt{2}\omega_1(t-t'_1)\right] \tag{7.15}$$

在 t''_1 时刻，v_{CDR2} 下降到和 v_{CDR1} 相等，变压器的原副边绕组电压都下降为零，C 点电位也下降到零，D_{c2} 导通。此时 i_{Lr} 反向增加至峰值$-I_{Lr\_p2}$，流过 Q_3 和 D_{c2}。根据式 (7.14) 和式 (7.15)，$-I_{Lr\_p2}$ 可表示为

$$-I_{Lr\_p2} = I_{Lr}(t''_1) = -\sqrt{\frac{V_{CB}^2(t'_1)}{2Z_{r1}^2} + \frac{I_{Lf}^2(t_1)}{K^2}} \tag{7.16}$$

将式 (7.13) 代入式 (7.16)，可得

$$I_{Lr\_p2} = \sqrt{\frac{V_{in}^2}{2Z_{r1}^2} - \frac{I_{Lf}^2(t_1)}{K^2}} \tag{7.17}$$

t''_1 时刻之后，C_{DR1} 和 C_{DR2} 均分提供 i_{Lf}，同时被放电，因此 v_{rect} 下降，而 i_p 保持为零，如图 7.3(h) 所示。在 t_2 时刻，C_{DR1} 和 C_{DR2} 放电完毕，D_{R1} 和 D_{R2} 同时导通，均分 i_{Lf}，此时 v_{rect} 下降到零，i_{Lf} 线性下降，如图 7.3(i) 所示。在 t_3 时刻，i_{Lf} 下降到零，此后 C_{DR1} 和 C_{DR2} 并联与 L_f 谐振，如图 7.3(f) 所示。可见，不管是状况一还是状况二，都要经过图 7.3(f) 所示的开关模态，即 $[t_3, t_4]$ 时段。

从式 (7.17) 可以看出，$I_{Lf}(t_1)$ 越小，I_{Lr_p2} 越大。那么空载时有 $I_{Lf}(t_1) = 0$，则 I_{Lr_p2} 的最大值为

$$I_{Lr\_p2max} = \frac{V_{in}}{\sqrt{2}Z_{r1}} \tag{7.18}$$

根据状况一的临界条件和式 (7.9)，可得 I_{Lr_p1} 在状况一中的最小值为零，最大值为 $0.5V_{in}/Z_{r1}$；根据状况二的临界条件和式 (7.17)，可得 I_{Lr_p2} 在状况二中的最小值为 $0.5V_{in}/Z_{r1}$，最大值为 $V_{in}/(\sqrt{2}Z_{r1})$。可见，在轻载下，0 状态 ($v_{AB} = 0$) 时谐振电感电流将改变方向且处于续流状态，且负载电流越小，谐振电感电流越大。

无论是状况一还是状况二，在 t_4 时刻之前，D_{c2} 均导通，i_{Lr} 保持其最大值不变，而 Q_4 虽有驱动信号，但其中 (包括其反并二极管 D_4) 已无电流。在 t_4 时刻，零电压/零电流关断 Q_4，然后开通 Q_2 (它为硬开通)，由于结电容 C_{DR1} 和 C_{DR2} 的存在，变压器原边电压 v_{CB} 无法突变，因此 C 点电压跳变到 V_{in}，使箝位二极管 D_{c2} 硬关断，如图 7.3(j) 所示，此时 D_{c2} 存在较大的反向恢复电流和损耗，甚至可能损坏，尤其是在输入电压很高的场合。D_{c2} 关断后，i_{Lr} 与 i_p 相等，使 C_{DR2} 放电，给 C_{DR1} 充电，其进一步的等效电路如图 7.4(c) 所示。值得说明的是，在 $[t_3, t_4]$ 时段，C_{DR1} 和 C_{DR2} 并联后与 L_f 谐振，在 t_4 时刻，C_{DR1} 和 C_{DR2} 的电压是相等的，它与 i_{Lf} 的方向和大小取决于 $[t_3, t_4]$ 时段的长短。这里

假设 C_{DR1} 和 C_{DR2} 的电压为正，i_{Lf} 的方向也为正。

在 t_5 时刻，C_{DR2} 电荷全部放完，则 D_{R2} 导通。i_{Lr} 继续给 C_{DR1} 充电，如图 7.3(k)所示，其进一步的等效电路如图 7.4(d)所示。

在 t_6 时刻，C_{DR1} 的电压被充到 $2V_{in}/K$，则 C 点电压下降 0，D_{c2} 又开始导通，如图 7.3(l)所示。此时，i_p 阶跃下降到折算至原边的 i_{Lf}，而 i_{Lr} 仍然保持不变，它与 i_p 的差值从 D_{c2} 中流过（这就是轻载时，当 $v_{AB}=+V_{in}$ 或 $-V_{in}$ 时箝位二极管导通的原因）。从图 7.2 中可以看出，箝位二极管的最长导通时间约为半个开关周期。

从上面的分析可以看出，加箝位二极管的全桥变换器在轻载时的工作原理与负载较重时有很大的不同，轻载和重载的分界条件是 $I_{Lf}(t_1)/K=V_{in}/Z_{r1}$。轻载时，在 0 状态（$v_{AB}=0$）时原边电流将改变方向，箝位二极管导通近半个开关周期，不但会在超前桥臂开关管和箝位二极管中造成较大的导通损耗，而且箝位二极管还可能被硬关断，引起较大的反向恢复损耗。因此必须在整个负载范围内，使箝位二极管电流快速复位。

7.3 箝位二极管电流的复位方式

7.3.1 复位电压源

从第 6 章的分析可以知道，当全桥变换器从 0 状态切换到 +1 状态后，箝位二极管 D_{c1} 导通，如图 7.5(a)所示；当全桥变换器从 0 状态切换到 −1 状态后，箝位二极管 D_{c2} 导通，如图 7.5(b)所示。为了简洁，图 7.5 中只给出了变压器原边的电路图。箝位二极管 D_{c1} 和 D_{c2} 中流过的电流为谐振电感电流与折算到原边的输出滤波电感电流之差，其初始电流为谐振电流，即谐振电感与输出整流二极管谐振导致的电流峰值。由于箝位二极管的导通，谐振电感被短路，其电流保持不变。随着输出滤波电感电流的线性上升，箝位二极管的电流线性下降，箝位二极管电流的下降率取决于输出滤波电感电流的上升率。为了使箝位二极管电流快速下降到零，需要减小输出滤波电感，以使其具有较大的纹波电流，而这又需要输出滤波电容增大，不利于变换器功率密度的提高。

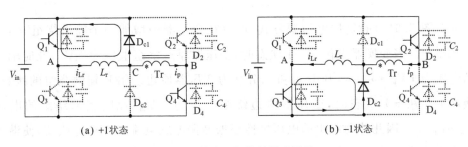

(a) +1状态　　　　　　　　　　　　　(b) −1状态

图 7.5 箝位二极管的导通情况

为了使箝位二极管电流快速复位到零,可以在箝位二极管电流回路中引入一个复位电压源,该复位电压源可以串联在谐振电感支路中,也可以与箝位二极管相串联,如图 7.6 所示。

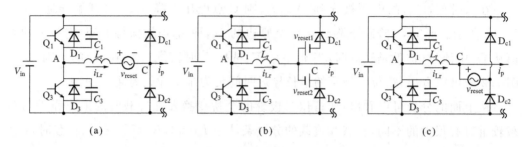

$$图 7.6 \quad 三种箝位二极管电流复位方式$$

在图 7.6(a)中,复位电压源 v_{reset} 与谐振电感 L_r 相串联,v_{reset} 的极性必须根据谐振电感电流 i_{Lr} 的方向改变。也就是说,当 i_{Lr} 为正时,v_{reset} 的极性为正(与图中电压参考方向相同);当 i_{Lr} 为负时,v_{reset} 的极性为负(与图中电压参考方向相反)。那么,当形成箝位二极管电流回路时,引入的 v_{reset} 将直接加在 L_r 两端,使 i_{Lr} 快速减小,相应地使箝位二极管电流快速地减小到零。

图 7.6(b)中采用两个复位电压源 V_{reset1} 和 V_{reset2},分别与箝位二极管 D_{c1} 和 D_{c2} 串联。在实际工程应用中,这两个复位电压源可以用一个电阻或一只齐纳(Zener)二极管实现。当箝位二极管中有电流流过时,电阻或齐纳二极管上将产生压降,从而起到复位电压源的作用,但谐振电感中多余的能量将消耗在串联的电阻或齐纳二极管上,导致变换效率降低。

事实上,图 7.6(b)中的两个复位电压源分别在两只箝位二极管导通时工作,它们不会同时工作,因此它们可用一个 v_{reset} 替代,如图 7.6(c)所示。与图 7.6(a)类似,图 7.6(c)中的 v_{reset} 也必须可以根据 i_{Lr} 的不同方向调整其电压极性。针对这种电流复位方式,文献[39]提出采用电阻或者两只背靠背的齐纳二极管构成复位电压源,但谐振电感中多余的能量会消耗在电阻和齐纳二极管中,使变换器的效率有所降低。

7.3.2　复位电压源的实现

针对图 7.6(a)的复位电压源方式,可以在变压器中增加一个辅助绕组 n_3,如图 7.7 所示[50]。当变换器工作在 $+1$ 状态时,变压器原边绕组电压为 $+V_{\text{in}}$,此时辅助绕组的电压为 $+V_{\text{in}} \cdot n_3/n_1$,其中 n_1 和 n_3 分别为变压器原边绕组和辅助绕组的匝数;当变换器工作在 -1 状态时,变压器原边绕组电压为 $-V_{\text{in}}$,此时辅助绕组的电压为 $-V_{\text{in}} \cdot n_3/n_1$。因此辅助绕组的电压极性根据谐振电感电流极性相应改变,使谐振电感电流快速减小,从而使箝位二极管电流快速复位。该方案的不足之处是,当负载较轻时,尤其是当输出滤波电感电流进入断续时,变换器的占空比较小,导致辅助绕组电压的占空比也较小,无法提供足够的时间使箝位二极管电流复位。

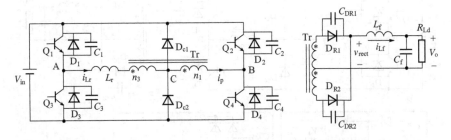

图 7.7 加辅助绕组使箝位二极管电流快速复位的全桥变换器

图 7.6(c)中的复位电压源可以用一个电流互感器 CT 及相关电路来实现,如图 7.8 所示[51]。其中 CT 的原边一端与 C 点相联,另一端与两只箝位二极管的中点相联。电流互感器的副边经过整流后接到一个稳定的直流电压源上,它可以是输出电压 V_o、输入电压 V_{in} 或者其他的直流电源。电流互感器的副边整流方式可以是全波整流,也可以是全桥整流,前者接到一个电压较低的电压源,后者则是接到电压较高的电压源。当谐振电感电流为正时,电流互感器的原边电流从同名端"*"流进,然后流经箝位二极管 D_{c1},而副边电流则是同名端"*"流出,流入所接的直流电源,其电压为 V_{dc}。此时,电流互感器的原边绕组的同名端电压极性为正,原边电压为 $V_{dc} \cdot n_{c1}/n_{c2}$,其中 n_{c1} 和 n_{c2} 分别为电流互感器原副边绕组匝数。电流互感器的原边电压使谐振电感电流减小,从而使箝位二极管 D_{c1} 的电流复位。同理,当谐振电感电流为负时,电流互感器原边电流经箝位二极管 D_{c2} 从同名端"*"流出,而副边电流则从同名端"*"流入,并流入所接的直流电源,此时电流互感器的原边电压为 $-V_{dc} \cdot n_{c1}/n_{c2}$,该电压使谐振电感电流减小,从而使箝位二极管 D_{c2} 的电流复位。从上述分析可以看出,电流互感器原边绕组可以感知谐振电感电流方向,并通过其副边绕组和整流电路获得所需的相应极性的复位电压,使箝位二极管电流复位。

将电流互感器的副边整流电路接到输出电压,可以将谐振电感中多余的能量直接传递给负载,有利于提高变换效率,但是当变换器处于开机建压、限流状态甚至短路时,输出电压较低,其反射到电流互感器原边的电压不足以使箝位二极管电流复位。而将电流互感器的副边整流后接到输入电压,则不存在这个问题,而且当输入电压变化时,箝位二极管电流复位的时间是固定的,这在后面将会说明。由于全桥变换器的输入电压一般较高,因此电流互感器的副边整流需要采用全桥整流方式,即图 7.8 中的接法二。稍加分析可以发现,当箝位二极管 D_{c1} 或 D_{c2} 导通时,接法二中左边的两只整流二极管的上管或下管也导通。由于电流互感器的原副边没有电气隔离的要求,因此左边两只整流二极管共用两只箝位二极管,从而可以省去两只整流二极管,如图 7.9 所示,这就是本章要讨论的加电流互感器复位电路的全桥变换器,其中 D_{a1} 或 D_{a2} 是电流互感器的副边整流二极管。

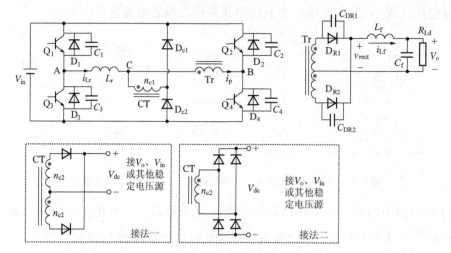

图 7.8　加电流互感器使箝位二极管电流快速复位的全桥变换器

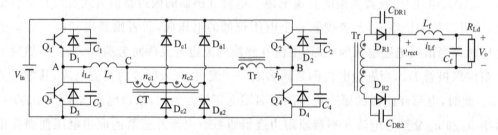

图 7.9　简化型加电流互感器的全桥变换器

7.4　加电流互感器复位电路的 ZVS PWM 全桥变换器的工作原理

下面讨论图 7.9 所示的加电流互感器复位电路的 ZVS PWM 全桥变换器的工作原理。在重载和轻载时,该变换器的工作情况有所不同,下面分别加以分析。

7.4.1　重载情况

图 7.10 给出了加电流互感器复位电路的 ZVS PWM 全桥变换器在重载情况下的主要工作波形。在分析其工作原理之前,作如下假设:

(1) 所有开关管和二极管均为理想器件(整流二极管 D_{R1} 和 D_{R2} 除外,它等效为一个理想二极管和一个电容并联,以模拟反向恢复),且 $C_{DR1} = C_{DR2} = C_{DR}$。

(2) 所有电感、电容和变压器均为理想元件。

(3) 电流互感器的原副边匝比为 $k_{CT} = n_{c1}/n_{c2}$。

图 7.11 给出了该变换器在不同开关状态下的等效电路,其各状态的工作情况描述如下。

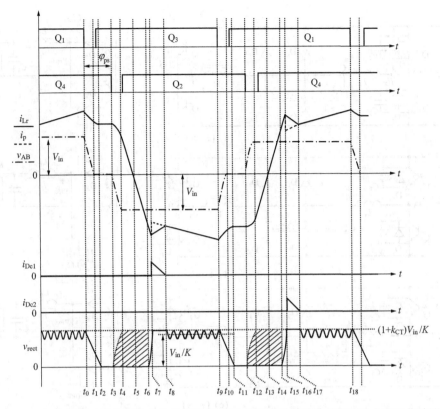

图 7.10 加电流互感器复位电路的 ZVS PWM 全桥变换器重载情况下的主要工作波形

1. 开关模态 1，$[t_0 , t_1]$，对应图 7.11(a)

t_0 之前，Q_1 和 Q_4 导通，副边 D_{R1} 导通，D_{R2} 截止，原边向副边提供能量。t_0 时刻关断 Q_1，i_p 给 C_1 充电，使 C_3 放电，在 C_1 和 C_3 的缓冲作用下，Q_1 近似为零电压关断，A 点电压下降。此时 L_r 与 C_1、C_3、C_{DR2} 谐振工作，C_{DR2} 放电，i_p 和 i_{Lr} 谐振减小。由于 C 点电位始终大于零而小于 V_{in}，故两只箝位二极管都不导通。到 t_1 时刻，C_3 的电压下降到零，D_3 自然导通。

2. 开关模态 2，$[t_1 , t_2]$，对应图 7.11(b)

D_3 导通后，将 Q_3 两端的电压箝在零位，此时可以零电压开通 Q_3。C_{DR2} 继续放电，i_{Lr} 和 i_p 继续下降。到 t_2 时刻，C_{DR2} 的电压降至零，D_{R2} 导通，相应地，C 点电位也下降到零。

3. 开关模态 3，$[t_2 , t_3]$，对应图 7.11(c)

D_{R1} 和 D_{R2} 同时导通，将变压器原副边电压箝在零位，i_{Lr} 与 i_p 相等且处于续流状态。

4. 开关模态 4，$[t_3 , t_4]$，对应图 7.11(d)

t_3 时刻，关断 Q_4，i_{Lr} 给 C_4 充电，同时给 C_2 放电。在 C_2 和 C_4 的缓冲作用下，Q_4 近似为零电压关断。由于 D_{R1} 和 D_{R2} 同时导通，因此变压器原副边电压均为零，v_{AB} 直接加在 L_r 上，在这段时间里 L_r 和 C_2、C_4 谐振工作。到 t_4 时刻，v_{C4} 上升至 V_{in}，C_2 的电压下降到零，D_2 自然导通。

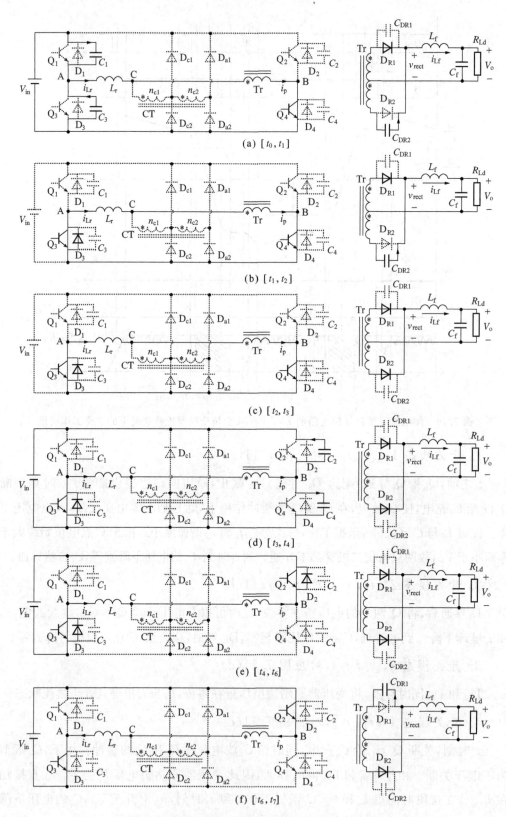

图 7.11 重载情况下各种开关模态的等效电路图

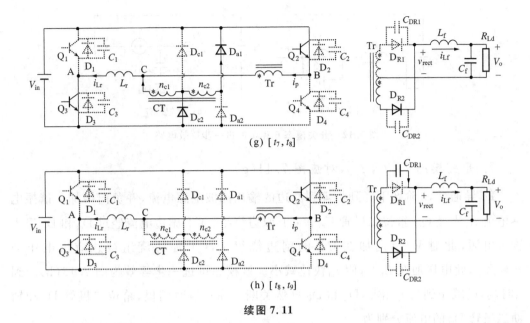

(g) [t_7, t_8]

(h) [t_8, t_9]

续图 **7.11**

5. 开关模态 5，[t_4，t_6]，对应图 7.11(e)

D_2 导通后，可以零电压开通 Q_2。两只输出整流二极管仍同时导通，使变压器原副边电压为零，因而 V_{in} 全部反向加在 L_r 两端，使 i_{Lr} 和 i_p 线性下降。t_5 时刻，原边电流由正方向过零，并继续向负方向线性增加。到 t_6 时刻，i_p 达到折算至原边的输出滤波电感电流，D_{R1} 关断。

6. 开关模态 6，[t_6，t_7]，对应图 7.11(f)

从 t_6 时刻开始，L_r 与 C_{DR1} 谐振工作，给 C_{DR1} 充电，i_p 和 i_{Lr} 继续增加。随着 C_{DR1} 电压的上升，C 点电压不断下降，该模态可进一步等效为图 7.12(a)，其中 C'_{DR1} 为 C_{DR1} 折算至原边的等效电容，I'_{Lf} 表示折算至原边的输出滤波电感电流 $I_{Lf}(t_6)$，由图 7.12(a) 可得

$$v_{rect}(t) = \frac{1}{2} v_{CDR1}(t) = \frac{v_{BC}(t)}{K} = \frac{V_{in}}{K}[1 - \cos\omega_1(t - t_6)] \tag{7.19}$$

$$i_p(t) = i_{Lr}(t) = -\left[\frac{I_{Lf}(t_6)}{K} + \frac{V_{in}}{Z_{r1}}\sin\omega_1(t - t_6)\right] \tag{7.20}$$

t_7 时刻，C 点电压下降至 $-k_{CT}V_{in}$，D_{c2} 和 D_{a1} 导通，将 C_{DR1} 电压箝在 $2(1 + k_{CT})V_{in}/K$，从而消除了 D_{R1} 上的电压振荡和电压尖峰。与此同时，v_{rect} 也相应地被箝在 $(1 + k_{CT})V_{in}/K$。由于开关模态 6 时间很短，输出滤波电感电流近似不变，那么 t_7 时刻谐振电感电流为

$$I_{Lr}(t_7) = -\left[\frac{I_{Lf}(t_6)}{K} + \frac{V_{in}}{Z_{r1}}\sqrt{1 - k_{CT}^2}\right] \tag{7.21}$$

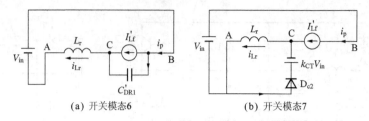

图 7.12 开关模态 6 和 7 的进一步等效电路

7. 开关模态 7, $[t_7, t_8]$, 对应图 7.11(g)

D_{c2} 导通后, i_p 阶跃下降到折算到原边的输出滤波电感电流, 并负向增加。谐振电感电流 i_{Lr} 流经 Q_3、箝位二极管 D_{c2} 和 CT 原边绕组。CT 副边电流经过 D_{c2} 和 D_{a1} 流入输入电源, 此时 V_{in} 反向加在 CT 的副边绕组上, CT 原边绕组被感应出电压为 $-k_{CT}V_{in}$, 此电压加在 L_r 上, 使 i_{Lr} 快速减小。该模态可进一步等效为图 7.12(b)。到 t_8 时刻, i_{Lr} 减小到与 i_p 相等, D_{c2} 和 D_{a1} 自然关断。在这段时间里, 箝位二极管 D_{c2} 和辅助二极管 D_{a1} 的电流分别为

$$i_{Dc2}(t) = (1 + k_{CT})\left(-I_{Lr}(t_7) - \frac{i_{Lf}(t)}{K}\right) \tag{7.22}$$

$$i_{Da1}(t) = k_{CT}\left(-I_{Lr}(t_7) - \frac{i_{Lf}(t)}{K}\right) \tag{7.23}$$

由式(7.21)和式(7.22)可得 D_{c2} 的峰值电流为

$$I_{Dc2}(t_7) = (1 + k_{CT})\frac{V_{in}}{Z_{r1}}\sqrt{1 - k_{CT}^2} \tag{7.24}$$

8. 开关模态 8, $[t_8, t_9]$, 对应图 7.11(h)

t_8 时刻, D_{c2} 自然关断后, L_r 与 C_{DR1} 谐振工作, v_{rect} 的表达式为

$$v_{rect}(t) = \frac{V_{in}}{K}[1 + k_{CT}\cos\omega_1(t - t_8)] \tag{7.25}$$

从式(7.25)可以看出, v_{rect} 虽然有振荡, 但其最高幅值不会超过 $(1 + k_{CT})V_{in}/K$。而实际电路中存在寄生电阻, 该振荡会逐渐衰减, v_{rect} 最终稳在其平均值 V_{in}/K, 参见后面图 7.15(b) 所示的实验波形。

7.4.2 轻载情况

上面分析的是负载较重时变换器的工作原理, 下面对轻载时的工作原理进行分析。与 7.2 节类似, 为了突出箝位二极管的工作情况, 这里忽略开关管的开关过程。图 7.13 给出了变换器轻载时的主要波形。

在 t_0 时刻之前, Q_1 和 Q_4 导通, D_{R1} 导通, 原边向副边传递能量, 如图 7.14(a) 所示。与加电流互感器复位电路之前不同, 此时箝位二极管没有导通。在 t_0 时刻, 关断 Q_1, 开通 Q_3, 此时 $v_{AB} = 0$, 输出整流二极管 D_{R2} 的结电容 C_{DR2} 开始放电, 与谐振电感发生

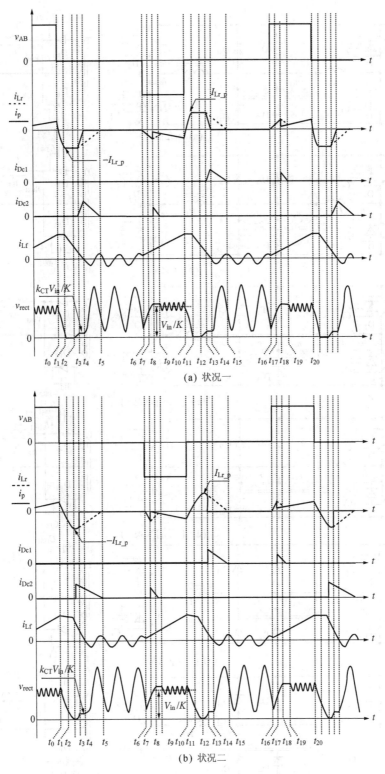

图 7.13　加电流互感器复位电路的 ZVS PWM 全桥变换器轻载情况下的主要工作波形

谐振,谐振电感电流下降,如图 7.14(b)所示。该工作模态与图 7.3(c)所示的工作模态相同。与 7.2 节所讨论的一样,轻载时变换器存在两种状况,下面分别加以讨论。

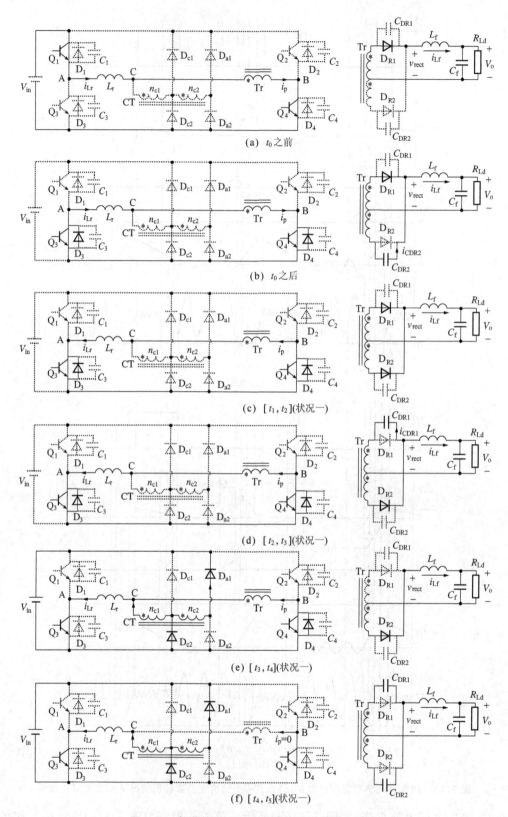

图 7.14　轻载情况下各种开关状态的等效电路图

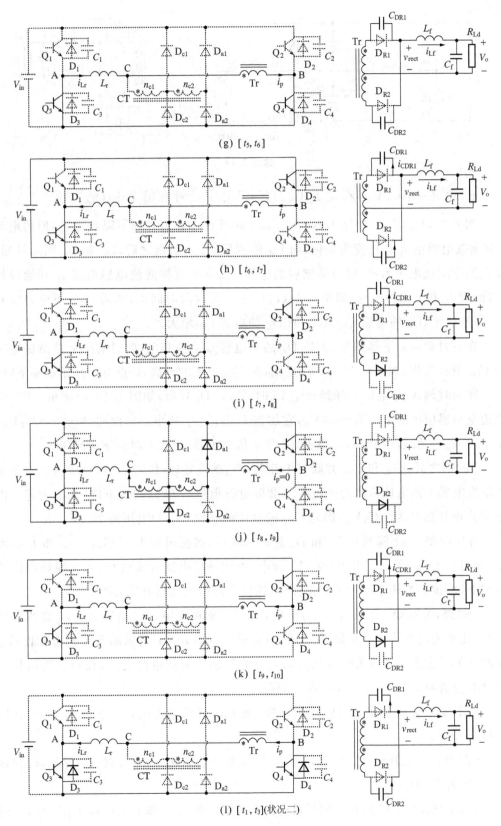

(g) [t_5, t_6]

(h) [t_6, t_7]

(i) [t_7, t_8]

(j) [t_8, t_9]

(k) [t_9, t_{10}]

(l) [t_1, t_3](状况二)

续图 7.14

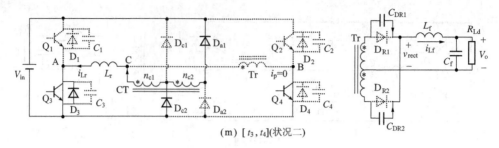

(m) [t_3, t_4](状况二)

续图 7.14

1. 状况一:$0.5V_{in}/Z_{r1} \leqslant I_{Lf}(t_1)/K < V_{in}/Z_{r1}$[对应图 7.13(a)]

如果 $0.5V_{in}/Z_{r1} \leqslant I_{Lf}(t_1)/K < V_{in}/Z_{r1}$,则当 v_{CDR2} 在 t_1 时刻下降到零时,原边电流 i_p 和谐振电感电流 i_{Lr} 已变为负值,而 D_{R1} 依然导通。t_1 时刻之后,D_{R1} 和 D_{R2} 同时导通,变压器原副边电压为零,副边整流后的电压 $v_{rect} = 0$,这样滤波电感电流 i_{Lf} 开始线性下降,而 i_{Lr} 和 i_p 保持不变,如图 7.14(c)所示。在这段时间里,随着 i_{Lf} 的下降,D_{R1} 和 D_{R2} 开始换流,D_{R1} 的电流 i_{DR1} 减小,而 D_{R2} 的电流 i_{DR2} 增大。

在 t_2 时刻,i_{DR1} 下降到零,而后 D_{R1} 的结电容 C_{DR1} 被充电,此时实际上是谐振电感与 C_{DR1} 谐振工作,如图 7.14(d)所示。随着 C_{DR1} 电压的升高,C 点电压开始从零下降。

在 t_3 时刻,C 点电位下降到 $-k_{CT}V_{in}$ 时,D_{c2} 和 D_{a1} 导通,如图 7.14(e)所示。CT 的原边绕组感应出的电压为 $-k_{CT}V_{in}$,它加在 L_r 上,使 i_{Lr} 减小。与此同时,$v_{rect} = k_{CT}V_{in}/K$,由于 k_{CT} 一般远小于 1,v_{rect} 很小,因而 i_{Lf} 依然下降,并在 t_4 时刻下降到零。

t_4 时刻之后,C_{DR1} 和 C_{DR2} 并联与 L_f 谐振,D_{c2} 继续导通,如图 7.14(f)所示。由于加在谐振电感上的电压依然为 $-k_{CT}V_{in}$,谐振电感电流 i_{Lr} 继续线性下降,而 i_p 为零。由于 C 点电压依然为 $-k_{CT}V_{in}$,因此 C_{DR1} 的电压始终比 C_{DR2} 的电压高 $2k_{CT}V_{in}/K$。

在 t_5 时刻,i_{Lr} 下降到 0,D_{c2} 和 D_{a1} 截止。此后,谐振电感参与 C_{DR1}、C_{DR2} 和 L_f 的谐振,如图 7.14(g)所示。由于 $-k_{CT}V_{in}$ 较小,因此谐振电感电流较小,并在线路电阻的阻尼下,很快衰减到零。为了简化分析,这里假设谐振电感电流为零。

t_6 时刻,关断 Q_4,开通 Q_2,C_{DR2} 放电,而 C_{DR1} 则被充电,v_{rect} 相应上升,i_p 也快速地上升,此开关模态等效电路如图 7.14(h)所示。与图 7.3(j)所示的开关模态相比,D_{c2} 在此开关模态之前已被关断,因此,加入电流互感器复位电路之后,在轻载时箝位二极管不会被硬关断,不存在反向恢复问题。

t_7 时刻,C_{DR2} 放电完毕,D_{R2} 开始导通,而 C_{DR1} 继续被充电,v_{rect} 也继续上升,如图 7.14(i)所示。

t_8 时刻,v_{rect} 上升到 $(V_{in} + k_{CT}V_{in})/K$,C 点电位下降到 $-k_{CT}V_{in}$ 时,D_{c2} 导通,i_{Lr} 快速下降,如图 7.14(j)所示。

在 t_9 时刻,i_{Lr} 下降到和 i_p 相等,D_{c2} 自然关断。此后 L_r 和 C_{DR1} 谐振工作,但 v_{rect} 的最高值不会超过 $(1 + k_{CT})V_{in}/K$,如图 7.14(k)所示。

2. 状况二：$I_{Lf}(t_1)/K < 0.5V_{in}/Z_{r1}$［对应图 7.13(b)］

如果 $I_{Lf}(t_1)/K < 0.5V_{in}/Z_{r1}$，则在 t_1 时刻 i_{DR1} 下降到零时，v_{CDR2} 仍然为正值，即 C_{DR2} 上的电荷还没有完全放完。此时，i_{Lr} 和 i_p 已反向。

t_1 时刻之后，D_{R1} 关断，C_{DR1} 被充电，C_{DR2} 继续放电，等效于 C_{DR1}、C_{DR2} 与 L_r 一起谐振工作，C 点电位下降，v_{rect} 和 v_{CB} 继续下降，i_p 和 i_{Lr} 继续负向增加，此开关模式等效电路如图 7.14(l) 所示。在 t_2 时刻，C 点电位下降到零，i_{Lr} 反向增加至峰值 $-I_{Lr\_p}$。此后 C 点电位继续下降，并为负，而 i_{Lr} 开始上升。

在 t_3 时刻，C 点电位下降到 $-k_{CT}V_{in}$，D_{c2} 导通。i_{Dc2} 从 CT 原边绕组异名端流入，CT 副边绕组电流从异名端流出，使得 D_{a1} 导通，V_{in} 加在 CT 的副边绕组上，感应到原边绕组的电压为 $-k_{CT}V_{in}$，此电压加在 L_r 上，使 i_{Lr} 快速减小。由于变压器原边绕组电压 v_{BC} 被 CT 和 D_{c2} 箝位在 $k_{CT}V_{in}$，相应地，$v_{rect} = k_{CT}V_{in}/K$。由于 $v_{rect} = k_{CT}V_{in}/K$ 很小，输出滤波电感电流 i_{Lf} 线性下降，并在 t_4 时刻下降到零。在这段时间里，C_{DR1} 和 C_{DR2} 同时放电，其放电电流相等，均分 i_{Lf}，这样 i_p 为零。该开关模式的等效电路如图 7.14(m) 所示。

$[t_4, t_{10}]$ 时段，变换器的工作情况与状况一的情况一样，这里不再重复。

从上面的分析可以看出，无论是重载还是轻载，只要箝位二极管中有电流流过，电流互感器复位电路就开始工作，就会引入复位电压，使箝位二极管电流快速减小，因而箝位二极管的导通时间大大减少，从而有效减小箝位二极管、超前桥臂开关管和谐振电感的导通损耗，提高变换效率。与此同时，箝位二极管也避免了硬关断，提高了变换器的可靠性。

7.5　电流互感器匝比的选择

7.5.1　箝位二极管的复位时间

一般来说，电流互感器匝比 k_{CT} 远小于1，那么根据式(7.24)可得重载时箝位二极管电流峰值近似为

$$I_{Dcmax\_h} \approx V_{in}/Z_{r1} \tag{7.26}$$

由于开关管和箝位二极管的导通压降比复位电压要小得多，这里将其忽略，那么有

$$L_r \frac{di_{Lr}}{dt} = k_{CT}V_{in} \tag{7.27}$$

假设输出滤波电感值很大，其电流脉动可以忽略，则由式(7.26)和式(7.27)可得重载时箝位二极管的复位时间为

$$\Delta t_{\_h} = \frac{1}{k_{CT}\omega_1} \tag{7.28}$$

由 7.2 节分析可知,在轻载时,负载电流越小,谐振电感电流峰值越大,即箝位二极管电流峰值越大,根据式(7.18)可得箝位二极管电流最大峰值为

$$I_{\text{Dcmax\_l}} = \frac{V_{\text{in}}}{\sqrt{2}Z_{\text{r1}}} \tag{7.29}$$

由式(7.27)和式(7.29)可得轻载时箝位二极管的最大导通时间为

$$\Delta t_{\_\text{lmax}} = \frac{1}{\sqrt{2}k_{\text{CT}}\omega_1} \tag{7.30}$$

从图 7.13 可以看出,为了避免箝位二极管硬关断,轻载时箝位二极管最大导通时间必须小于 0 状态时间,即

$$\Delta t_{\_\text{lmax}} < T_{\text{s}}(1 - D_{\text{y}})/2 \tag{7.31}$$

其中,D_{y} 为全桥变换器原边占空比。

7.5.2 输出整流二极管的电压应力

根据 7.4 节的分析,加入电流互感器复位电路后,输出整流二极管电压应力为 $2(V_{\text{in}} + k_{\text{CT}}V_{\text{in}})/K$,与加入电流互感器复位电路之前相比,输出整流二极管电压应力的增加量为

$$\Delta V_{\text{DR}} = \frac{2(V_{\text{in}} + k_{\text{CT}}V_{\text{in}})}{K} - \frac{2V_{\text{in}}}{K} = \frac{2k_{\text{CT}}V_{\text{in}}}{K} \tag{7.32}$$

7.5.3 电流互感器匝比

为了降低箝位二极管的导通损耗,希望箝位二极管导通时间越小越好,从式(7.28)和式(7.30)可以看出,k_{CT} 越大越好;而为了降低输出整流二极管的电压应力,又希望 k_{CT} 越小越好。因此,电流互感器匝比 k_{CT} 的选择要两方面综合考虑。

由于轻载时 D_{y} 相对较小,一般 $\Delta t_{\_\text{lmax}}$ 取 10% 的开关周期即可满足要求,那么根据式(7.31)可得

$$\Delta t_{\_\text{lmax}} = \frac{1}{\sqrt{2}k_{\text{CT}}\omega_1} < \frac{T_{\text{s}}}{10} \tag{7.33}$$

由上式可得

$$k_{\text{CT}} > \frac{5\sqrt{2}}{T_{\text{s}}\omega_1} \tag{7.34}$$

7.6 实验验证

为了验证加电流互感器复位电路的 ZVS PWM 全桥变换器的工作原理,在实验室完成了一台 1kW 的原理样机,其主要性能指标如下。

- 输入电压 $V_{in}=270\pm10\%$ V。
- 输出电压 $V_o=54$ V。
- 输出额定电流 $I_o=20$ A。

所采用的主要元器件参数如下。

- $Q_1\sim Q_4$：IRFP450。
- 输出整流管（全波整流方式）：DSEP 30-03A。
- 箝位二极管 D_{c1} 和 D_{c2}：DSEI30-06A。
- 谐振电感 $L_r=9$ μH。
- 变压器匝比关系 $K=15:4$。
- 输出滤波电感 L_f 为 23 μH。
- 输出滤波电容 C_f 为 560 μF×2。
- 电流互感器的原副边匝比为 $k_{at}=n_{c1}:n_{c2}=6:77$。
- 辅助二极管 D_{a1} 和 D_{a2} 为 BYV26C。
- 开关频率为 100kHz。

图 7.15 给出了在额定输入 270V 情况下,加入电流互感器复位电路前后的全桥变换器满载时的实验波形,从上到下依次是桥臂中点电压 v_{AB}、变压器原边电流 i_p、谐振电感电流 i_{Lr}、箝位二极管电流 D_{c1} 和 D_{c2} 的电流 i_{Dc1} 和 i_{Dc2} 以及副边整流电压 v_{rect}。从中可以看出,加入电流互感器后,箝位二极管的导通时间要短得多,从而降低了箝位二极管的电流平均值,但 v_{rect} 的电压有所升高,这和前面的分析是一致的。

图 7.16 给出了在额定输入 270V 情况下,加入电流互感器复位电路前后的全桥

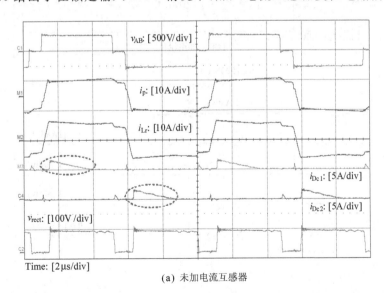

(a) 未加电流互感器

图 7.15 加电流互感器复位电路前后的全桥变换器满载($I_o=20$ A)时的实验波形

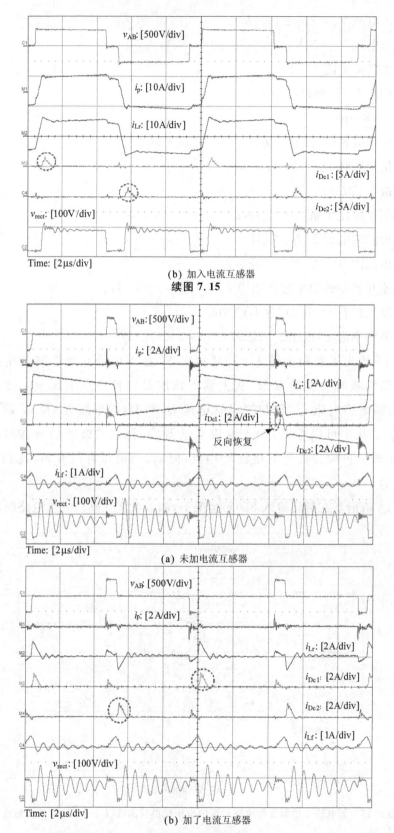

(b) 加入电流互感器

续图 7.15

(a) 未加电流互感器

(b) 加了电流互感器

图 7.16　加电流互感器复位电路前后的全桥变换器轻载($I_{\text{o}} = 30\text{mA}$)时的实验波形

变换器轻载($I_{o}=30\text{mA}$)时的实验波形。从图中可以看出,未加电流互感器复位电路时,每只箝位二极管几乎导通半个开关周期,且当全桥变换器从0状态($v_{AB}=0$)切换到有源状态($v_{AB}=+V_{in}$或者$v_{AB}=-V_{in}$)时,箝位二极管被硬关断,箝位二极管容易损坏;加入电流互感器复位电路后,当全桥变换器从有源状态切换到0状态时,箝位二极管导通,此时引入复位电压,使箝位二极管电流快速减小到零,箝位二极管的导通时间大为减小,且箝位二极管为自然关断。

图7.17给出了加电流互感器的全桥变换器在满载情况下超前管Q_1和滞后管Q_4的驱动电压v_{GS}、漏-源极电压v_{DS}和漏极电流i_D波形,可见所有开关管全都实现了ZVS。

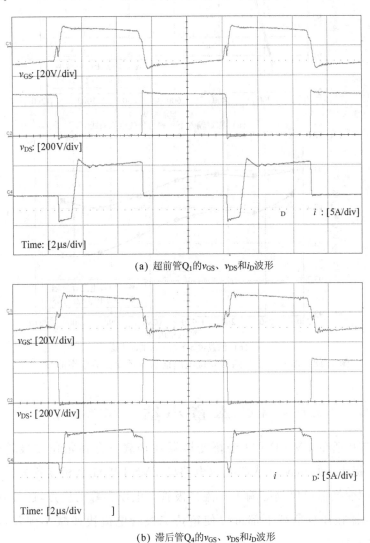

(a) 超前管Q_1的v_{GS}、v_{DS}和i_D波形

(b) 滞后管Q_4的v_{GS}、v_{DS}和i_D波形

图7.17 加电流互感器复位电路的全桥变换器的开关管实现 ZVS 情况

　　图 7.18 给出了加电流互感器前后全桥变换器的整机变换效率对比情况。图 7.18(a)是在额定输入 270V 电压下不同负载电流时的效率曲线,图 7.18(b)是在输出满载下输入电压不同时的效率曲线。从图中可以看到,加入电流互感器后,全桥变换器的效率有所提高,这是因为原边的导通损耗减小了,与前面的分析一致。

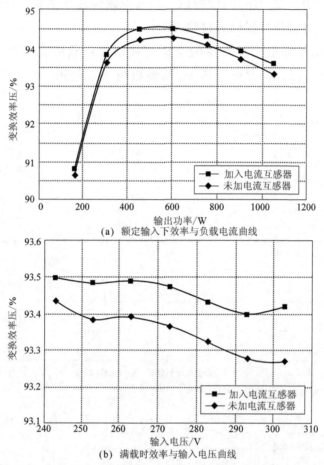

(a)　额定输入下效率与负载电流曲线

(b)　满载时效率与输入电压曲线

图 7.18　加入电流互感器复位电路前后全桥变换器效率曲线对比

本章小结

　　加箝位二极管的 ZVS PWM 全桥变换器在轻载下存在箝位二极管硬关断的问题,为此本章提出了加电流互感器复位电路的 ZVS PWM 全桥变换器。改进后的变换器保留了原变换器可以消除输出整流二极管上电压尖峰的优点,还具有以下优点:

　　(1) 变换器在任意负载下都可以使箝位二极管电流快速减小到零,降低原边导通损耗,提高变换效率。

　　(2) 可以避免轻载情况下箝位二极管的硬关断,提高变换器的可靠性。

　　本章详细分析了该变换器的工作原理,给出具体参数设计实例,并通过一台 1kW 的原理样机进行了实验验证。

第 **8** 章
倍流整流方式 ZVS PWM 全桥变换器

8.1 引　言

　　第 3 章讨论了 ZVS PWM 全桥变换器的工作原理,并指出滞后桥臂只能利用漏感的能量来实现 ZVS。当负载较轻时,漏感能量较小,不足以实现滞后桥臂的 ZVS,为此一般在变压器原边绕组串入一个谐振电感,以扩大滞后桥臂实现 ZVS 的负载范围。但是,在副边整流二极管换流时,谐振电感将会与副边整流二极管的结电容谐振,使副边整流二极管上存在电压振荡和电压尖峰。为了消除副边整流二极管上的电压振荡和电压尖峰,第 6 章在变压器原边加入两只箝位二极管,第 7 章进一步引入电流互感器复位电路,以使箝位二极管电流快速复位,一方面提高变换效率,另一方面在轻载时避免箝位二极管的硬关断。事实上,谐振电感的加入带来了副边占空比丢失的问题,因此谐振电感值不能太大,也就是说,当负载较低时,滞后管依然会失去 ZVS 的条件。

　　在第 1 章中,我们讨论了移相控制全桥变换器采用倍流整流方式(Current Doubler Rectifier,CDR)的工作原理。当负载较轻时,倍流整流电路的电感电流将会反向,该反向的电流在全桥变换器的 0 状态将会反射到原边,使原边电流增大。文献[52]根据这一特点,提出了 CDR ZVS PWM 全桥变换器。该变换器利用输出滤波电感的能量可以在很宽的负载范围内实现所有开关管的 ZVS,而且输出整流二极管实现了自然换流,避免了反向恢复引起的电压振荡和电压尖峰。不过,为了使输出滤波电感电流能够反射到变压器原边,原边电流在 0 状态时必须快速下降,而这只能依靠开关管的通态压降来实现。开关管的通态压降一般很小,为此该变换器要求变压器的漏感极小,对变压器的制造工艺提出了很高的要求。

　　针对该 CDR ZVSPWM 全桥变换器的不足,可以在原边绕组中串联一个阻断电容,利用阻断电容的电压使原边电流在 0 状态时快速下降[53,54]。由于阻断电容的电压比开关管通态压降大得多,即使变压器漏感较大,原边电流也可以快速下降。这样,对变压器的漏感没有严格要求,降低了变压器的工艺要求。本章将详细分析改进型 CDR ZVS PWM 全桥变换器的工作原理,并讨论超前桥臂和滞后桥臂各自实现 ZVS 的特点,给出输出滤波电感和阻断电容的参数选择方法,最后通过一个 540W 的原理样机验证改进型 ZVS 全桥变换器的工作原理和参数设计。

8.2　工作原理

改进型 CDR ZVS PWM 全桥变换器如图 8.1(a)所示,其中 $Q_1 \sim Q_4$ 是四只开关管,$D_1 \sim D_4$ 分别是 $Q_1 \sim Q_4$ 的内部寄生二极管,$C_1 \sim C_4$ 分别是 $Q_1 \sim Q_4$ 的结电容,L_{lk} 为变压器漏感,C_b 为阻断电容,D_{R1} 和 D_{R2} 是副边整流二极管,L_{f1} 和 L_{f2} 是两只滤波电感,C_f 是输出滤波电容,R_{Ld} 是负载。变换器采用移相控制方式,其中 Q_1 和 Q_3 组成超前桥臂,Q_2 和 Q_4 组成的桥臂为滞后桥臂。

下面分析改进型 CDR ZVS PWM 全桥变换器的工作原理,其主要波形如图 8.1(b)所示。在分析之前,作如下假设:

(1) 所有开关管、二极管均为理想器件。

(2) 所有电感、电容和变压器均为理想元件。

(3) $C_1 = C_3 = C_{lead}$,$C_2 = C_4 = C_{lag}$。

(4) $L_{f1} = L_{f2} = L_f$。

(5) 输出滤波电容足够大,可看成一个电压为 V_o 的恒压源,其中 V_o 是输出电压。

在一个开关周期中,有 12 种开关模态,各开关模态的工作情况描述如下。

1. 开关模态 0,t_1 时刻之前,参考图 8.2(a)

在 t_1 时刻之前,Q_1 和 Q_4 导通。原边电流 i_p 流经 Q_1、变压器原边绕组、阻断电容 C_b 及 Q_4。整流二极管 D_{R2} 导通、D_{R1} 截止,原边给负载供电。两只滤波电感的电流和原边电流的表达式分别为

$$i_{Lf1}(t) = I_{10} + \frac{\dfrac{V_{in}}{K} - V_o}{L_f}(t - t_0) \tag{8.1}$$

$$i_{Lf2}(t) = I_{20} - \frac{V_o}{L_f}(t - t_0) \tag{8.2}$$

$$i_p(t) = i_{Lf1}(t)/K \tag{8.3}$$

其中,K 是变压器原副边匝比,I_{10} 和 I_{20} 分别是滤波电感电流 i_{Lf1} 和 i_{Lf2} 在 t_0 时刻的大小。

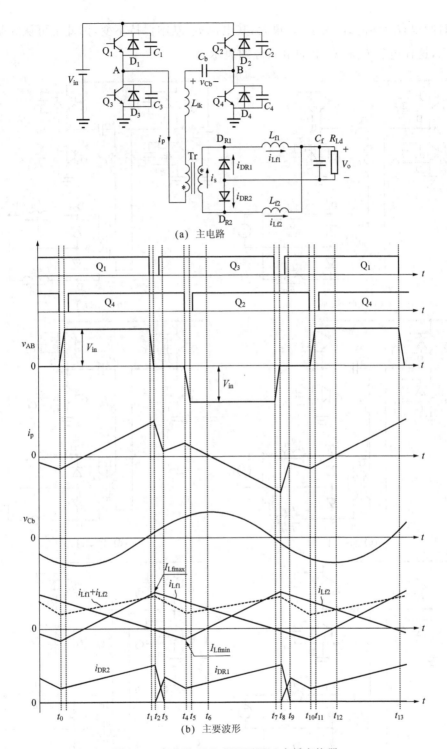

(a) 主电路

(b) 主要波形

图 8.1 改进型 CDR ZVS PWM 全桥变换器

2. 开关模态 1,$[t_1,t_2]$,参考图 8.2(b)

在 t_1 时刻关断 Q_1,i_p 给 C_1 充电,同时给 C_3 放电。由于 C_1 和 C_3 限制了 Q_1 电压的上升率,因此 Q_1 近似为零电压关断。i_p 同时也给阻断电容 C_b 充电,C_b 的电压上升。在这段时间里，$i_p = i_{Lf1}/K$，由于 L_{f1} 很大，其电流 i_{Lf1} 基本保持不变，因此 i_p 可认为是一个恒流源，这样电容 C_1 和 C_3 上的电压分别表示为

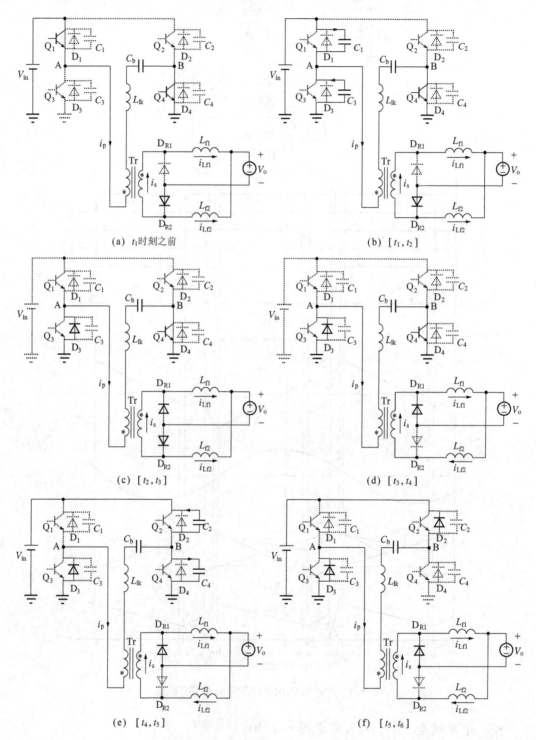

图 8.2　各个开关状态的等效电路

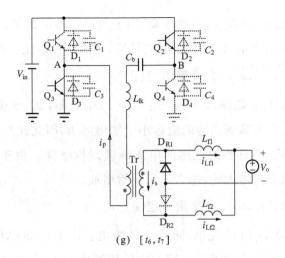

(g) $[t_6, t_7]$

续图 8.2

$$v_{C1}(t) = \frac{I_p(t_1)}{2C_{lead}}(t-t_1) \tag{8.4}$$

$$v_{C3}(t) = V_{in} - \frac{I_p(t_1)}{2C_{lead}}(t-t_1) \tag{8.5}$$

在 t_2 时刻,C_3 的电压下降到零,Q_3 的反并联二极管 D_3 自然导通,从而结束开关模态 1。该模态的持续时间为

$$t_{12} = \frac{2C_{lead}V_{in}}{I_p(t_1)} \tag{8.6}$$

3. 开关模态 2,$[t_2, t_3]$,参考图 8.2(c)

D_3 导通后,Q_3 可以零电压开通,Q_1 和 Q_3 驱动信号之间的死区时间 $t_{d(lead)}$ 应大于 t_{12}。虽然这时候 Q_3 被开通,但 Q_3 并没有电流流过,i_p 由 D_3 流通。在此开关模态中,$v_{AB}=0$,C_b 的电压使 i_p 减小,同样 i_s 也相应减小,并使 D_{R1} 开始导通。由于 D_{R1} 和 D_{R2} 同时导通,变压器副边电压被箝在零位,原边电压也因此为零,这样 C_b 的电压就全部加在漏感 L_{lk} 上。此时,C_b 和 L_{lk} 实际上在谐振工作。在这段时间里,两只滤波电感上的电压均为 $-V_o$,其电流均线性下降。两只滤波电感的电流、原边电流和阻断电容电压的表达式分别为

$$i_{Lf1}(t) = I_{Lf1}(t_2) - \frac{V_o}{L_f}(t-t_2) \tag{8.7}$$

$$i_{Lf2}(t) = I_{Lf2}(t_2) - \frac{V_o}{L_f}(t-t_2) \tag{8.8}$$

$$i_p(t) = -\frac{V_{Cb}(t_2)}{\omega L_{lk}}\sin\omega(t-t_2) + I_p(t_2)\cos\omega(t-t_2) \tag{8.9}$$

$$v_{Cb}(t) = \omega L_{lk} I_p(t_2)\sin\omega(t-t_2) + V_{Cb}(t_2)\cos\omega(t-t_2) \tag{8.10}$$

式中,$\omega = 1/\sqrt{L_{lk}C_b}$。

在这个开关模式中,电流 i_{Lf2} 线性下降,并且变负。在 t_3 时刻,$-i_{Lf2}=i_s$,则 $i_{DR2}=0$,D_{R2} 自然关断,而 $i_{DR1}=i_{Lf1}+i_{Lf2}$,D_{R1} 继续导通,从而两只整流二极管完成换流。

4. 开关模式 3,$[t_3,t_4]$,参考图 8.2(d)

在这段时间里,D_3 和 Q_4 继续导通,$v_{AB}=0$。D_{R2} 关断,D_{R1} 导通,流过全部负载电流。C_b 的电压很小,它折算到副边的值远小于输出电压,因此此时加在两只滤波电感上的电压近似为 $-V_o$,两只滤波电感的电流继续线性下降。由于 $i_s=-i_{Lf2}$,则 $i_p=-i_{Lf2}/K$,而 i_{Lf2} 是负方向增大的,那么 i_p 又开始增加。

5. 开关模式 4,$[t_4,t_5]$,参考图 8.2(e)

在 t_4 时刻关断 Q_4,i_p 给 C_4 充电,同时给 C_2 放电。由于 C_2 和 C_4 限制了 Q_4 电压的上升率,因此 Q_4 近似为零电压关断。i_p 同时也给阻断电容 C_b 充电,使 C_b 电压上升。在这段时间里,$i_p=-i_{Lf2}/K$,由于 L_{f2} 很大,i_{Lf2} 基本保持不变,因此 i_p 可认为是一个恒流源,这样 C_2 和 C_4 上的电压分别为

$$v_{C4}(t)=\frac{I_p(t_4)(t-t_4)}{2C_{lag}} \tag{8.11}$$

$$v_{C2}(t)=V_{in}-\frac{I_p(t_4)(t-t_4)}{2C_{lag}} \tag{8.12}$$

在 t_5 时刻,C_2 的电压下降至零,D_2 自然导通,这一模态结束,持续时间为

$$t_{45}=\frac{2C_{lag}V_{in}}{I_p(t_4)} \tag{8.13}$$

6. 开关模式 5,$[t_5,t_6]$,参考图 8.2(f)

D_2 导通后,可以零电压开通 Q_2。Q_2 和 Q_4 的驱动信号之间的死区时间 $t_{d(lag)}$ 应大于 t_{45}。虽然这时 Q_2 已开通,但 Q_2 不流过电流,i_p 由 D_2 流通。在此开关模式中,i_{Lf1} 下降,i_{Lf2} 增加(请注意,在这段时间里,i_{Lf2} 为负),而 $i_p=-i_{Lf2}/K$,因此 i_p 线性下降,C_b 的电压继续上升。在 t_6 时刻,i_{Lf2} 从负方向增加到零,i_p 也相应下降到零,D_2 和 D_3 自然关断,Q_2 和 Q_3 中开始流过电流,C_b 的电压达到最大。

7. 开关模式 6,$[t_6,t_7]$,参考图 8.2(g)

在此开关模式中,Q_2 和 Q_3 导通,i_{Lf1} 下降,i_{Lf2} 增加,i_p 负方向增加,C_b 的电压开始下降。

到 t_7 时刻,Q_3 关断,变换器开始另一半个周期 $[t_7,t_{13}]$,其工作情况类似于上述的半个周期 $[t_1,t_7]$。

8.3　超前管和滞后管实现 ZVS 的情况

由第 8.2 节的分析可以知道:超前管的 ZVS 是利用输出滤波电感在电流最大时

(t_1 和 t_7 时刻)存储的能量实现的;滞后管的 ZVS 是利用输出滤波电感在电流最小(负值)时(t_4 和 t_{10} 时刻)存储的能量实现的。

由图 8.1(b)可知,输出滤波电感电流平均值为

$$I_{Lfavg} = \frac{I_{Lfmax} + I_{Lfmin}}{2} = \frac{I_o}{2} \qquad (8.14)$$

式中,I_{Lfmax} 和 I_{Lfmin} 分别为输出滤波电感电流的最大值和最小值,I_o 为负载电流。

在 $[t_2, t_{10}]$ 时间段里,i_{Lf1} 从 I_{Lfmax} 线性下降到 I_{Lfmin},即

$$I_{Lfmax} - I_{Lfmin} = \frac{V_o}{L_f}\left(1 - \frac{D_y}{2}\right)T_s \qquad (8.15)$$

式中,T_s 为开关周期,D_y 是变换器的占空比,$D_y = \dfrac{t_1 - t_0}{T_s/2}$。

由式(8.14)和式(8.15)可得

$$I_{Lfmax} = \frac{I_o}{2} + \frac{V_o(2 - D_y)T_s}{4L_f} \qquad (8.16)$$

$$I_{Lfmin} = \frac{I_o}{2} - \frac{V_o(2 - D_y)T_s}{4L_f} \qquad (8.17)$$

值得指出的是,式(8.17)中的 I_{Lfmin} 是负值。

从式(8.16)和式(8.17)中可以看出:①负载越重,I_{Lfmax} 越大,而 I_{Lfmin} 的绝对值越小,因此超前管在重载时比轻载时容易实现 ZVS,而滞后管在重载时实现 ZVS 较轻载时困难;②由于 $I_{Lfmax} > |I_{Lfmin}|$,当超前管和滞后管的结电容相同时,超前管较滞后管容易实现 ZVS。

因此,变换器实现 ZVS 最困难的是满载时的滞后管,参数设计时应从这一点出发。

8.4 参数设计

本节以一个例子来讨论参数设计,已知条件为:输入直流电压 $V_{in} = 250\text{V} \pm 20\%$,输出直流电压 $V_o = 54\text{V}$,输出电流 $I_o = 10\text{A}$,开关频率 $f_s = 100\text{kHz}$,变压器原边漏感(100kHz 时测得)$L_{lk} = 0.54\mu\text{H}$。

8.4.1 变压器变比 K 的确定

当 CDR 全桥变换器工作在电流连续模式(Continuous Current Mode,CCM)时,其输出电压与输入电压的关系为

$$D_y = \frac{V_o}{V_{in}/(2K)} = \frac{2KV_o}{V_{in}} \qquad (8.18)$$

请注意,对于 CDR 全桥变换器来说,其 CCM 是指两只滤波电感的电流之和在 $v_{AB} = 0$ 时大于零。

根据式(8.18)可以得到变压器的变比 K 为

$$K = \frac{D_y V_{\text{in}}}{2V_o} \tag{8.19}$$

假设输入电压最小值 $V_{\text{inmin}} = 200\text{V}$ 时,占空比取最大值 $D_{\max} = 0.8$,那么根据式(8.19)可以算出 $K = 1.48$,这里取 $K = 1.5$。

8.4.2　滤波电感量的计算

从减小电流脉动的角度来说,输出滤波电感越大越好。但是为了使滞后管在满载时实现 ZVS,输出滤波电感电流必须能够反方向流动,这样要求输出滤波电感要尽量小一些。因此,输出滤波电感大小的选择原则是确保滞后管在满载时实现 ZVS。

从图 8.1(b)可知,在 t_4 时刻,$i_{\text{Lf}} = -I_{\text{Lfmin}}/K$,将其代入式(8.13),有

$$t_{45} = \frac{2C_{\text{lag}} V_{\text{in}}}{I_p(t_4)} = \frac{2C_{\text{lag}} V_{\text{in}}}{-I_{\text{Lfmin}}/K} \tag{8.20}$$

根据式(8.17)、式(8.18)和式(8.20),可以得到 L_{fmax} 的表达式为

$$L_{\text{fmax}} = \frac{t_{45} V_o (V_{\text{in}} - K V_o)}{(4KC_{\text{lag}} V_{\text{in}}^2 + t_{45} V_{\text{in}} I_{\text{omax}}) f_s} \tag{8.21}$$

式(8.21)表明,L_f 的大小取决于 V_{in} 和 t_{45}。当 I_o 增加时,$|I_{\text{Lfmin}}|$ 减小,t_{45} 增加。也就是说,t_{45} 在满载时最大。为了减小负载较轻时滞后管的关断损耗,我们选择滞后管驱动信号的死区时间为 $t_{d(\text{lag})} = t_{45\max} = 7t_f$。其中 t_f 是滞后管关断时间。这里选择 IRF450 为开关管,在 $V_{ds} = 25\text{V}$ 时,其结电容 $C_{\text{oss}} = 720\text{pF}$,$t_f = 44\text{ns}$。由于 C_{oss} 是非线性的,与其电压的平方根成反比,即

$$C_{\text{oss}} = C'_o / \sqrt{V_{ds}} \tag{8.22}$$

式中,C'_o 是一个常数,取决于器件的结构[55],那么 C_{oss} 的表达式为

$$C_{\text{oss}} = 720 \times 10^{-12} \times \sqrt{25/V_{ds}} \tag{8.23}$$

在分析时,一般将结电容容量用一个固定值替代,并称之为有效值,其大小为 C_{oss} 乘以 $4/3$,并将 V_{ds} 用 V_{in} 代替[55]。因此 C_{lead} 和 C_{lag} 可以表达为

$$C_{\text{lead}} = C_{\text{lag}} = \frac{4}{3} \times 720 \times 10^{-12} \times \sqrt{25/V_{\text{in}}} \tag{8.24}$$

将式(8.24)代入式(8.21),可以得到不同输入电压时滤波电感的最大值,如图 8.3 所示。根据该图,选择 $L_f = 28\mu\text{H}$。

确定滤波电感值后,可以计算 I_{Lfmax} 和 I_{Lfmin}。当变换器工作在 CCM 时,将式(8.18)分别代入式(8.16)和式(8.17),可得

$$I_{\text{Lfmax\_CCM}} = \frac{I_o}{2} + \frac{V_o(V_{\text{in}} - K V_o)T_s}{2V_{\text{in}} L_f} \tag{8.25}$$

$$I_{\text{Lfmin\_CCM}} = \frac{I_o}{2} - \frac{V_o(V_{\text{in}} - K V_o)T_s}{2V_{\text{in}} L_f} \tag{8.26}$$

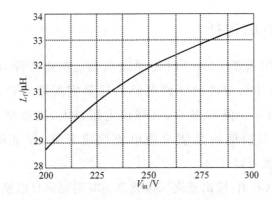

图 8.3 滤波电感最大值与输入电压间的关系曲线

当负载较轻时,变换器将工作在电流断续模式(Discontinuous Current Mode, DCM),即在 0 状态($v_{AB}=0$)时,两只滤波电感电流之和将下降到零。附录将详细给出变换器工作在 DCM 时 I_{Lfmax}、I_{Lfmin} 和电流临界连续时的输出电流 I_G 的推导过程,这里直接给出它们的表达式如下:

$$I_{Lfmax\_DCM} = \left(3 - \frac{4KV_o}{V_{in}}\right)\sqrt{\frac{V_{in}V_oI_oT_s}{8L_f(V_{in}-2KV_o)}} \tag{8.27}$$

$$I_{Lfmin\_DCM} = -\sqrt{\frac{V_{in}V_oI_oT_s}{8L_f(V_{in}-2KV_o)}} \tag{8.28}$$

$$I_G = \frac{V_o(V_{in}-2KV_o)T_s}{2L_fV_{in}} \tag{8.29}$$

根据式(8.25)～式(8.29)可以画出不同输入电压时 I_{Lfmax} 和 $-I_{Lfmin}$ 与输出电流的关系曲线,如图 8.4 所示。在图中,每条曲线中均有一个拐点,对应于电流临界连续的负载电流,其大小由式(8.29)得到。在拐点前后,变换器分别工作在 DCM 和 CCM。前面计算输出滤波电感时,其最大值是为了保证在最低输入电压满载时实现滞后管的 ZVS。从图 8.4 中可以看出,几乎所有电流均大于最低输入电压满载时的电流值,所以超前管和滞后管几乎可以在输入电压范围和全负载范围内实现 ZVS。

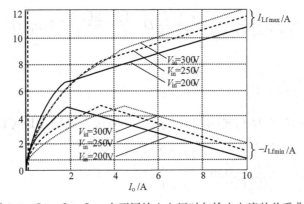

图 8.4 I_{Lfmax} 和 $-I_{Lfmin}$ 在不同输入电压时与输出电流的关系曲线

8.4.3　阻断电容的选择

阻断电容 C_b 是用来在 $v_{AB}=0$ 时使原边电流 i_p 快速下降,以保证两只输出整流二极管自然换流,并利用输出滤波电感的能量实现滞后管的 ZVS。从这个角度出发,希望 C_b 尽量小。但 C_b 越小,其峰值电压越大,副边整流二极管上的电压应力越大。因此 C_b 只要能满足使原边电流快速下降,保证副边整流二极管在 $v_{AB}=0$ 时完成换流就可以了。

从图 8.1(b)可以看出,输出整流二极管在 t_3 时刻完成自然换流,最恶劣的情况是 $t_{34}=0$,此时 i_p 下降到 $-I_{Lfmin}/K$。因此可以得到下式:

$$I_p(t_4) \leqslant -I_{Lfmin}/K \tag{8.30}$$

将上式代入式(8.9),同时 $I_p(t_2) = I_{Lfmax}/K$,则有

$$I_p(t_4) = -\frac{V_{Cb}(t_2)}{\omega L_{lk}}\sin\omega(t_4-t_2) + \frac{I_{Lfmax}}{K}\cos\omega(t_4-t_2) \leqslant -\frac{I_{Lfmin}}{K} \tag{8.31}$$

式(8.31)是输出整流二极管在 t_4 时刻完成换流的条件,它与 $V_{Cb}(t_2)$ 有关。

根据图 8.1(b),可以得到 $V_{Cb}(t_2)$ 的表达式为

$$V_{Cb}(t_2) = V_{Cb}(t_0) + \frac{1}{C_b}\int_{t_0}^{t_2} i_p(t)\,\mathrm{d}t$$

$$= V_{Cb}(t_0) + \frac{1}{C_b} \cdot \frac{I_o}{2K} \cdot (t_2-t_0)$$

$$= V_{Cb}(t_0) + \frac{1}{C_b} \cdot \frac{I_o}{2K} \cdot D_y \frac{T_s}{2} \tag{8.32}$$

由式(8.10)可以得到

$$V_{Cb}(t_4) = \omega L_{lk} I_p(t_2)\sin\omega(t_4-t_2) + V_{Cb}(t_2)\cos\omega(t_4-t_2) \tag{8.33}$$

从图 8.1(b)可以看出

$$V_{Cb}(t_4) = -V_{Cb}(t_0) \tag{8.34}$$

由式(8.32)~式(8.34)可以推出 $V_{Cb}(t_2)$ 的表达式为

$$V_{Cb}(t_2) = \frac{1}{1+\cos\omega(t_4-t_2)}\left[\frac{1}{C_b}\frac{I_o}{2K}D_y\frac{T_s}{2} - \frac{\omega L_{lk}I_{Lfmax}}{K}\sin\omega(t_4-t_2)\right] \tag{8.35}$$

式中,

$$t_4-t_2 = \frac{T_s}{2}(1-D_y) \tag{8.36}$$

将式(8.16)~式(8.18)、式(8.35)和式(8.36)代入式(8.31)可以得到

$$y(C_b,V_{in}) = \frac{\dfrac{2KV_o}{V_{in}}T_s}{\sqrt{L_{lk}C_b}}\tan\frac{\left(1-\dfrac{2KV_o}{V_{in}}\right)T_s}{4\ \sqrt{L_{lk}C_b}} - 4 \geqslant 0 \tag{8.37}$$

图 8.5 给出了在不同输入电压时 $y(C_b,V_{in})$ 与 C_b 的关系曲线,从图中可以看出,为了满足式(8.37),在最低输入电压为 200V 时,C_b 必须小于 $1.9\mu F$。这是因为输入

电压最低时，占空比最大，可供 i_p 下降的时间最短。这里选择 $C_b=1.5\mu F$。

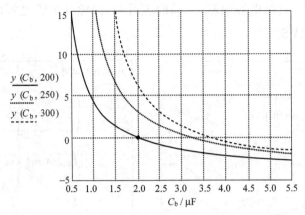

$$\begin{aligned}&\underline{y}\ (C_b, 200)\\&\underline{y}\ (C_b, 250)\\&\underline{y}\ (C_b, 300)\end{aligned}$$

图 8.5 不同输入电压时 $y(C_b, V_{in})$ 与 C_b 的关系曲线

8.5 实验结果

为了验证改进型 CDR ZVS PWM 全桥变换器的工作原理，在实验室完成了一台输出 54V/10A 的原理样机，其主要性能指标如下。

- 输入直流电压 $V_{in}=200\sim300V$。
- 输出直流电压 $V_o=54V$。
- 输出电流 $I_o=10A$。

所采用的主要元器件参数如下。

- 变压器原副边变比 $K=1.5$。
- 变压器原边漏感 $L_{lk}=0.54\ \mu H$。
- 阻断电容 $C_b=1.5\ \mu F$。
- 输出滤波电感 $L_{f1}=L_{f2}=28\ \mu H$。
- 输出滤波电容 $C_f=6600\ \mu F$。
- 开关管（$Q_1\sim Q_4$）：IRFP450。
- 输出整流二极管（D_{R1} 和 D_{R2}）：DSEI12-06A。
- 开关频率 $f_s=100kHz$。

图 8.6 给出了负载电流为 10A 时的实验波形，其中图 8.6(a) 是原边电压 v_{AB}、原边电流 i_p、阻断电容电压 v_{Cb} 和滤波电感电流 i_{Lf1}、i_{Lf2} 的波形。该图表明，当 $v_{AB}=0$ 时，原边电流 i_p 在阻断电容电压的作用下快速下降，使副边整流二极管自然换流。这时原边电流反映另一个电感电流，从而实现滞后管的 ZVS。图 8.6(b) 给出了副边整流二极管的电压 v_{DR1} 和副边整流二极管的电流 i_{DR1}、i_{DR2} 的波形。从中可以看出，整流二极管实现了自然换流，副边无尖峰电压，波形很干净。图 8.6(c) 和 (d) 分别给出了超前管 Q_3 和滞后管 Q_4 的驱动电压 v_{GS} 及其漏-源极电压 v_{DS} 波形，从中可以看出，当驱

动电压变为正方向时,开关管的漏-源极电压已经为零,此时开关管是零电压开通。而当开关管关断时,其结电容限制了 v_{DS} 的上升率,因此开关管是零电压关断,由此说明开关管实现了 ZVS。

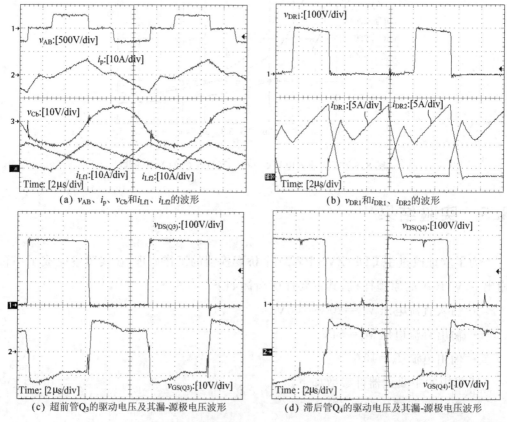

(a) v_{AB}、i_p、v_{Cb} 和 i_{Lf1}、i_{Lf2} 的波形　　　(b) v_{DR1} 和 i_{DR1}、i_{DR2} 的波形

(c) 超前管 Q_3 的驱动电压及其漏-源极电压波形　　(d) 滞后管 Q_4 的驱动电压及其漏-源极电压波形

图 8.6　负载电流为 10A 时的实验波形

图 8.7 和图 8.8 分别给出了负载电流为 5A 和 1A 时的实验波形。当负载电流为 1A 时,电流已经断续,但依然可以实现整流二极管的自然换流,整流二极管上没有尖峰电压,超前管和滞后管均实现了 ZVS。这里要说明的是,在图 8.8 中,当电流断续时,阻断电容电压存在直流分量(由于控制电路、驱动电路和开关管的不对称等引起的),使两个整流二极管的电流略有不同,但不影响电路的正常工作。图 8.6~图 8.8 说明,在任意负载下均可以实现整流二极管的自然换流,所有开关管均实现 ZVS。

图 8.9 给出了原理样机的整机变换效率曲线,其中图 8.9(a)是在额定输入电压为 250V、额定输出直流电压为 54V 的情况下,在不同的输出电流时的变换效率曲线。由图可知,满载时的效率最高,为 92.4%。图 8.9(b)是输出直流电压为 54V、输出电流为满载 10A 时不同输入电压下的变换效率曲线。当负载不变时,效率随输入电压的升高而降低。这是因为当变换器为 0 状态($v_{AB}=0$)时,原边电流处于自然续流状态。在这段时间里,原边没有能量传递到输出级,而在变压器、开关管中却存在通

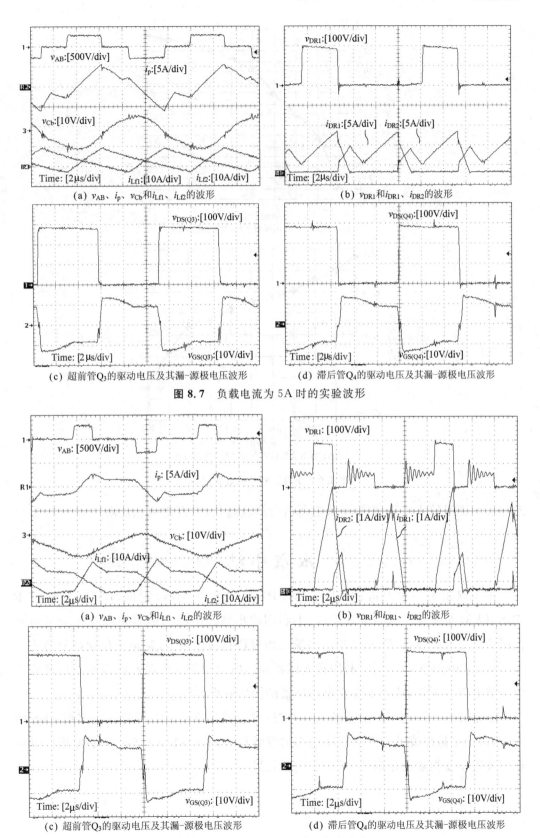

(a) v_{AB}、i_p、v_{Cb}和i_{Lf1}、i_{Lf2}的波形

(b) v_{DR1}和i_{DR1}、i_{DR2}的波形

(c) 超前管Q_3的驱动电压及其漏-源极电压波形

(d) 滞后管Q_4的驱动电压及其漏-源极电压波形

图 8.7 负载电流为 5A 时的实验波形

(a) v_{AB}、i_p、v_{Cb}和i_{Lf1}、i_{Lf2}的波形

(b) v_{DR1}和i_{DR1}、i_{DR2}的波形

(c) 超前管Q_3的驱动电压及其漏-源极电压波形

(d) 滞后管Q_4的驱动电压及其漏-源极电压波形

图 8.8 负载电流为 1A 时的实验波形

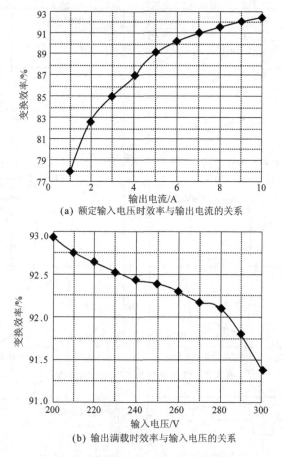

(a) 额定输入电压时效率与输出电流的关系

(b) 输出满载时效率与输入电压的关系

图 8.9　变换器的整机效率曲线

态损耗。而且输入电压越高,0 状态所占时间就越长,所占比例也越高。

本章小结

　　本章提出了一种改进的 CDR ZVS PWM 全桥变换器,它保留了原来的 CDR ZVS PWM 全桥变换器的所有优点:①利用输出滤波电感的能量可以在很宽的负载范围内实现开关管的 ZVS;②输出整流二极管能够自然换流,避免了反向恢复造成的电压振荡和电压尖峰。同时利用在变压器原边所增加的一个阻断电容的电压使原边电流能够迅速下降,从而不必要求变压器的漏感极小。

　　本章分析了改进型变换器的工作原理,讨论了超前管和滞后管各自实现 ZVS 的特点,讨论了输出滤波电感和阻断电容的参数设计,并通过一个 540W 的原理样机验证了改进型变换器的正确性,给出了实验结果。

第 9 章
PWM 全桥变换器的主要元件、控制芯片及驱动电路

9.1 引 言

在前面的章节中,我们讨论了 PWM 全桥变换器的软开关技术。从本质上讲,无论是采用何种控制方式,无论是实现 ZVS 还是 ZVZCS,其不同之处只是在于变压器原边采用不同的电路拓扑,而其输入滤波电容、高频变压器、输出滤波电感和滤波电容的设计是完全相同的。本章讨论 PWM 全桥变换器中这几种主要元件的设计。

第 2 章已指出,全桥变换器无论是实现 ZVS 还是 ZVZCS,均可以采用移相控制方式。针对这种控制方式,美国德州仪器(Texas Instruments,TI)公司相继推出了 UC3875、UC3879、UC3895 等集成芯片,这些芯片功能总体上是类似的,本章将详细介绍 UC3875 的使用方法。

驱动电路是开关电源的重要部分之一,本章将介绍几种常用的驱动电路,并给出一种适用于大容量 IGBT 和 MOSFET 的驱动电路。

9.2 输入滤波电容的选择

对于中小功率电源来讲,一般采用单相 220V 交流电输入;而中大功率电源则采用三相 380V 交流电输入。目前,一般采用功率因数校正变换器以提高输入功率因数,本章只介绍采用桥式整流加滤波电容的输入整流滤波电路。

单相 220V(或三相 380V)/50Hz 的交流电经过桥式整流后得到脉动的直流电压 V_{in},输入滤波电容 C_{in} 用来平滑这一直流电压,使其脉动减小。C_{in} 的选择是比较关键的。C_{in} 如果太小,直流电压 V_{in} 的脉动就会比较大。为了得到所要求的输出电压,全桥变换器需要过大的占空比调节范围和过高的控制闭环增益。同时,直流电压 V_{in} 的

最小值 V_{inmin} 也会较小，要求高频变压器的原副边匝比变小，导致开关管的电流增大，输出整流二极管的反向电压增大。C_{in} 如果太大，其充电电流脉冲宽度变窄，幅值增高，导致输入功率因数降低，电磁干扰（EMI）增大，过高的输入电流（有效值）使得输入整流管和滤波电容的损耗增加。同时，电容过大，成本也会增加。

在有些应用场合，为了提高输入功率因数，输入交流电经过桥式整流后，不是直接采用电容滤波，而是采用电感和电容（即 LC）滤波方式。该滤波电感和电容的选择既要保证较小的直流电压脉动，又要保证高的输入功率因数，设计较为复杂，本章不讨论。

一般而言，下述的经验算法比较合理：在最低输入交流电时，整流滤波后的直流电压的脉动值 V_{pp} 是最低输入交流电压峰值的 $20\% \sim 25\%$（单相输入）[56] 或 $7\% \sim 10\%$（三相输入）。假如已知输入交流电压有效值的变化范围为 $V_{line(min)} \sim V_{line(max)}$，频率变化范围为 $f_{min} \sim f_{max}$，可以按照下面的方法来计算 C_{in} 的容量。

根据输入交流电压的变化范围，可得线电压峰值变化范围为 $\sqrt{2} V_{line(min)} \sim \sqrt{2} V_{line(max)}$，整流滤波后直流电压的最大脉动值为 $V_{pp} = \begin{cases} \sqrt{2} V_{line(min)} \cdot (20\% \sim 25\%) & \text{（单相输入）} \\ \sqrt{2} V_{line(min)} \cdot (7\% \sim 10\%) & \text{（三相输入）} \end{cases}$，整流滤波后的直流电压 V_{in} 为 $(\sqrt{2} V_{line(min)} - V_{pp}) \sim \sqrt{2} V_{line(max)}$。

由于开关电源的损耗也来自于输入整流电路，因此输入功率 P_{in} 为

$$P_{in} = P_o / \eta \tag{9.1}$$

式中，η 是电源的变换效率，P_o 为输出功率，P_{in} 和 P_o 的单位为瓦［特］（W）。

每个周期中 C_{in} 所提供的能量 W_{in} 约为

$$W_{in} = \frac{P_{in}}{A \cdot f_{min}} \tag{9.2}$$

式中，A 是输入交流电压的相数，输入为单相时，$A = 1$；输入为三相时，$A = 3$。W_{in} 单位为焦［耳］（J），f_{min} 的单位为赫［兹］（Hz）。每个半周期输入滤波电容所提供的能量为

$$\frac{W_{in}}{2} = \frac{1}{2} C_{in} \left[(\sqrt{2} V_{line(min)})^2 - (\sqrt{2} V_{line(min)} - V_{pp})^2 \right] \tag{9.3}$$

因此输入滤波电容容量为

$$C_{in} = \frac{W_{in}}{(\sqrt{2} V_{line(min)})^2 - (\sqrt{2} V_{line(min)} - V_{pp})^2} \tag{9.4}$$

式中，C_{in} 的单位为法［拉第］（F），所有电压的单位均为伏［特］（V）。

根据所计算的电容量和整流后的直流电压最大值 $\sqrt{2} V_{line(max)}$，可以参考电容生产厂家提供的手册，选用相应的电解电容。如果电容量较大，可采用多个小容量的电解

电容并联。如果要求电解电容耐压过高,可采用多个电容串联的办法。

电解电容既要为在后面的变换器提供高频脉冲电流,又要吸收变换器回馈的高频脉冲电流。由于电解电容存在等效串联电阻 ESR 和等效串联电感 ESL,变换器在吸收和回馈高频电流时,电解电容电压将会出现高频尖峰。为了抑制高频电压尖峰,有必要在电解电容两端并联无极性小容量的高频电容。

如果最后选择电容量为 C_{in}^*,那么整流后的直流电压最小值 $V_{in(min)}$ 为

$$V_{in(min)} = \sqrt{(\sqrt{2}V_{line(min)})^2 - \frac{W_{in}}{C_{in}^*}} \tag{9.5}$$

9.3 高频变压器的设计

9.3.1 原副边变比

为了提高高频变压器的利用率,减小开关管的电流,降低输出整流二极管的反向电压,从而减小损耗和降低成本,高频变压器原副边变比应尽可能地大一些。为了在输入电压范围内能够输出所要求的电压,变压器的变比应按最低输入电压 $V_{in(min)}$ 选择。选择副边的最大占空比为 $D_{sec(max)}$,则可计算出副边电压最小值 $V_{sec(min)}$ 为

$$V_{sec(min)} = \frac{V_{omax} + mV_D + V_{Lf}}{D_{sec(max)}} \tag{9.6}$$

其中,V_{omax} 是输出电压最大值,V_D 是输出整流二极管的通态压降,V_{Lf} 是输出滤波电感上的直流压降,所有电压的单位均为 V。当采用全波整流电路时,$m=1$;当采用全桥整流电路时,$m=2$。

故变压器原副边变比 K 为

$$K = V_{in(min)} / V_{sec(min)} \tag{9.7}$$

9.3.2 确定原边和副边匝数

首先选定一个磁芯,为了减小铁损,根据开关频率 f_s,参考磁芯材料手册,可确定最高工作磁密 B_m,那么副边匝数 W_{sec} 可由下式决定:

$$W_{sec} = \frac{V_o}{4f_s A_e B_m} \tag{9.8}$$

式中,W_{sec} 的单位为匝,A_e 为磁芯的有效导磁截面积,单位为 m^2,f_s 的单位为 Hz,B_m 的单位为特[斯拉](T),

根据副边匝数和变比,可以计算出原边匝数为

$$W_p = K \cdot W_{sec} \tag{9.9}$$

式中,W_p 的单位为匝。

9.3.3　确定绕组的导线线径

在选用变压器绕组的导线线径时,要考虑导线的集肤效应。所谓集肤效应,是指当导线中流过交流电流时,导线横截面上的电流分布不均匀,中间电流密度小,边缘部分电流密度大,使导线的有效导电面积减小,电阻增加。在工频条件下,集肤效应影响较小,而在高频时影响较大。导线有效导电面积的减小一般采用穿透深度 Δ 来表示。所谓穿透深度 Δ,是指电流密度下降到导线表面电流密度的 0.368(即 $1/e$)时的径向深度。穿透深度 Δ 可用下式来表示:

$$\Delta = \sqrt{\frac{2}{\omega\mu\gamma}} \tag{9.10}$$

式中,$\omega = 2\pi f_s$,ω 为角频率,f_s 为开关频率;μ 为导线的磁导率,铜的相对磁导率 $\mu_r = 1$,那么,铜的磁导率为真空中的磁导率,即 $\mu = \mu_0 = 4\pi \times 10^{-7}$ H/m;γ 为导线的电导率,铜的电导率 $\gamma = 58 \times 10^6/(\Omega \cdot m)$,穿透深度 Δ 的单位为 m。

为了更有效地利用导线,减小集肤效应的影响,一般要求导线线径 r 小于 2 倍穿透深度,即 $r \leqslant 2\Delta$。如果要求绕组的线径大于由穿透深度所决定的最大线径,可采用小线径的导线多股并绕或采用扁而宽的铜皮来绕制,铜皮的厚度要小于 2 倍穿透深度。

9.3.4　确定绕组的导线股数

绕组的导线股数决定于绕组中流过的最大有效值电流和导线线径。

1. 原边绕组的导线股数

对于 ZVS PWM 全桥变换器来说,在 0 状态时,其原边电流基本保持不变,而一般占空比丢失较小,因此原边电流可近似为一个幅值为 I_o/K 的交流方波电流,其有效值为

$$I_{p(max)} = \frac{I_{o(max)}}{K} \tag{9.11}$$

式中,$I_{o(max)}$ 是输出电流最大值。

对于 ZVZCS PWM 全桥变换器来说,在 0 状态时,其原边电流下降到零,其变压器原边有效值电流最大值为

$$I_{p(max)} = \frac{P_{o(max)}}{\eta_{tr} V_{in(min)}} \tag{9.12}$$

其中,$P_{o(max)}$ 为变压器的最大输出功率(W),η_{Tr} 为变压器的效率,$V_{in(min)}$ 为整流后的直流电压最小值。

那么原边绕组的导线股数 WN_p 为

$$WN_p = \frac{I_{p(max)}}{J \cdot S_w} \tag{9.13}$$

式中，J 为导线的电流密度，一般取 $J = 3 \sim 5 \ A/mm^2$；S_w 为每根导线的导电面积（mm^2）。

2. 副边绕组的导线股数

全桥整流电路和全波整流电路是全桥变换器中常用的输出整流方式。在全桥整流电路中，变压器只有一个副边绕组，根据变压器原副边电流关系，副边有效值电流最大值为

$$I_{sec(max)} = I_{o(max)} \tag{9.14}$$

在全波整流电路中，变压器有两个副边绕组，每个绕组分别提供半个周期的负载电流，因此其有效值电流最大值为

$$I_{sec(max)} = I_{o(max)} / \sqrt{2} \tag{9.15}$$

因此副边绕组的导线股数 WN_{sec} 为

$$WN_{sec} = \frac{I_{sec(max)}}{J \cdot S_w} \tag{9.16}$$

9.3.5 核算窗口面积

在计算出变压器的原副边匝数、导线线径及股数后，必须核算磁芯的窗口面积是否能够绕得下或是否窗口过大。如果窗口面积太小，说明磁芯太小，要选择大一点的磁芯；如果窗口面积过大，说明磁芯太大，可选择小一些的磁芯。重新选择磁芯后，从9.3.2节开始计算，直到所选磁芯基本合适。

9.4 输出滤波电感的设计

在 PWM 全桥变换器中，原边的交流方波电压经过高频变压器变压和输出整流桥后，得到一个高频直流方波电压。从输出滤波器侧来看，PWM 全桥变换器实际上类似于一个 Buck 变换器，只不过它的工作频率为开关频率的 2 倍。

9.4.1 输出滤波电感

对于全桥变换器来说，其滤波电感电流脉动为

$$\Delta I_{Lf} = \frac{V_o}{(2f_s) \cdot L_f} \left(1 - \frac{V_o}{\dfrac{V_{in}}{K} - V_{Lf} - V_D} \right) \tag{9.17}$$

一般来说，为了减小滤波电感电流脉动，总是希望滤波电感越大越好，但是其尺寸和重量较大，成本也较高，而且变换器的动态响应速度也会较慢。在工程设计时，

一般取输出滤波电感电流最大脉动量为最大输出电流的 20%。那么,根据式(9.17)可得滤波电感的计算公式为

$$L_{f} = \frac{V_{o(min)}}{(2f_{s}) \cdot (20\% I_{omax})} \left(1 - \frac{V_{o(min)}}{\dfrac{V_{in(max)}}{K} - V_{Lf} - V_{D}} \right) \tag{9.18}$$

式中,L_f 的单位为亨(H),f_s 的单位为 Hz。请注意,由于输入电压是变化的,有时输出电压也要求在一定范围内可调,为了保证滤波电感电流的最大脉动量不超过最大输出电流的 20%,式(9.17)中的 V_o 取 $V_{o(min)}$,V_{in} 取 $V_{in(max)}$。

9.4.2　输出滤波电感的设计

输出滤波电感的工作情况是:

(1) 其电流是单向流动的,它具有较大的直流分量,并叠加一个较小的频率为 $2f_s$ 的交变分量,也就是说,输出滤波电感属于第三类工作状态[12]。因此,磁芯的最大工作磁密可以取得很高,接近于饱和磁密 B_s。

(2) 最大峰值电流 $I_{Lfmax} = I_{o(max)} + \dfrac{1}{2}\Delta I_{max}$,最大平均值电流 $I_{Lf(max)} = I_{o(max)}$。其中,ΔI_{max} 为滤波电感电流脉动最大值。

输出滤波电感的设计步骤如下:

(1) 初选磁芯大小。确定有效导磁面积 A_e。

(2) 初选一个气隙大小,以计算绕组匝数。取气隙大小为 δ,那么绕组匝数为

$$N_{Lf} = \sqrt{\frac{L_f \delta}{\mu_0 A_e}} \tag{9.19}$$

式中,L_f 的单位为 H,气隙 δ 的单位为 m,$\mu_0 = 4\pi \times 10^{-7}$ H/m,A_e 的单位为 m²。

(3) 核算磁芯最高工作磁密 B_m。磁芯最高工作磁密 B_m 为

$$B_m = \mu_0 \cdot N_{Lf} \cdot I_{Lf(max)} / \delta \tag{9.20}$$

式中,B_m 的单位为 T。

如果 $B_m < B_s$,则符合要求;如果 $B_m > B_s$,则要重新调整气隙 δ。

(4) 计算绕组的线径和股数。由于滤波电感电流的交流量较小,因此输出滤波电感电流最大有效值可近似为 $I_{o(max)}$。取电流密度为 J,则绕组的导电面积 S_{Lf} 为

$$S_{Lf} = I_{o(max)} / J \tag{9.21}$$

式中,S_{Lf} 的单位为 mm²,电流密度 J 的单位为 A/mm²。

输出滤波电感电流主要是直流分量,交流分量较小,集肤效应影响不是很大。因此可选用线径较大的导线或厚度较大的扁铜线来绕制,只要保证足够的导电面积就行了。

(5) 核算窗口面积。与变压器的设计一样,这里也要核算磁芯的窗口面积是否

合适。要经过多次反复设计，直到选择到合适的磁芯。

9.5 输出滤波电容的选择

9.5.1 输出滤波电容量

输出滤波电容的容量与电源对输出电压峰-峰值 ΔV_{opp} 的要求有关。可由下式来计算输出滤波电容的电容量 C_f [12]：

$$C_f = \frac{V_{o(min)}}{8L_f(2f_s)^2 \Delta V_{opp}}\left[1 - \frac{V_{o(min)}}{\dfrac{V_{in(max)}}{K} - V_{Lf} - V_D}\right] \tag{9.22}$$

式中，C_f 的单位为 F，f_s 是开关频率（Hz），ΔV_{opp} 的单位为 V，L_f 是输出滤波电感量，单位为 H。与计算输出滤波电感同样的道理，式（9.22）中的 V_o 取 $V_{o(min)}$，V_{in} 取 $V_{in(max)}$。

考虑到电解电容有等效串联电阻 ESR，因此在实际选用电容时，其容量比式（9.22）所决定的电容量大一些，而且一般选择多个电解电容并联使用。

9.5.2 输出滤波电容的耐压值

输出滤波电容的耐压值决定于输出电压的最大值，一般比输出电压的最大值高一些，但不必高太多，以降低成本。比如，通信电源的输出电压最大值为 60V，这时可选电解电容的耐压值为 63V。

另外，如果电源的工作条件比较恶劣，环境温度很高，为了提高电源的可靠性，一般要选用 105℃ 的电解电容；如果电源的工作条件较好，环境温度不是很高，可选用 85℃ 的电解电容。

9.6 UC3875 芯片的使用

美国 TI 公司针对移相控制方案相继推出了 UC3875、UC3879 和 UC3895 专用控制芯片，其主要功能基本一样。下面介绍 UC3875 的使用[57]。

图 9.1 给出了 UC3875 的内部结构图。它主要包括以下九个方面的功能：工作电源、基准电源、振荡器、锯齿波、误差放大器和软启动、移相控制信号发生电路、过流保护、死区时间设置、输出级。

9.6.1 工作电源

UC3875 的工作电源有两个：V_{IN}（pin 11）和 V_C（pin 10），其中 V_{IN} 是供给内部逻辑电路用，它对应于"信号地"GND（pin 20）；V_C 供给输出级用，它对应于"功率地"PWR GND（pin 12）。这两个工作电源应分别外接高频滤波电容，一般选用 0.1 μF、ESR 和

ESL 都很小的薄膜电容,而且 GND 和 PWR GND 应该相连于一点,以减小噪声干扰和直流压降。

V_{IN} 设有欠压锁定输出功能(Under-Voltage Lock-Out,UVLO)。当 V_{IN} 低于 UVLO 门槛电压时,输出级信号全部为低电平;当 V_{IN} 高于 UVLO 门槛电压时,输出级才会开启,UC3875 的 UVLO 门槛电压为 10.75V。一般而言,V_{IN} 最好高于 12V,以保证芯片更好地工作。V_C 一般在 3V 以上时就能正常工作,在 12V 以上工作性能会更好。因此一般可以把 V_{IN} 和 V_C 接到同一个 12V 的电压源上。

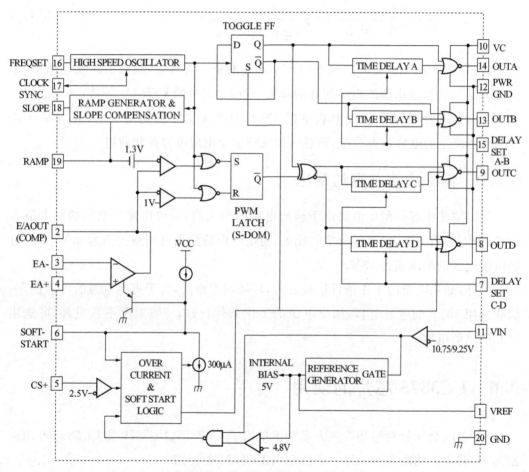

图 9.1　UC3875 的内部结构图

9.6.2　基准电源

UC3875 提供一个 5V 的精密基准电压源 V_{REF}(pin 1),它可为外部电路提供大约 60mA 的电流,内部设有短路保护电路。同时,V_{REF} 也有 UVLO 功能,只有当 V_{REF} 达到 4.75V 时,芯片才正常工作。V_{REF} 最好外接一个 0.1 μF、ESR 和 ESL 都很小的滤波电容。

9.6.3 振荡器

芯片内有一个高速振荡器,在频率设置脚 FREQ SET (pin 16)与信号地 GND 之间接一个电容和一个电阻可以设置振荡频率,从而设置输出级的开关频率。

为了能让多个芯片并联工作,UC3875 提供了时钟/同步功能脚 CLOCK/SYNC (pin 17)。虽然每个芯片自身的振荡频率不同,但一旦它们连接起来,所有芯片都同步于最高的振荡频率,即所有芯片的振荡频率都变为最高的振荡频率。芯片也可同步于外部时钟信号,只要 CLOCK/SYNC 接一个振荡频率高于芯片内部振荡频率的外部时钟信号。如果 CLOCK/SYNC 作为输出用,则它为外部电路提供一个时钟信号。

9.6.4 锯齿波

斜率设置脚 SLOPE (pin 18)与某一个电源 V_X 之间接一个电阻 R_{SLOPE},为锯齿波脚 RAMP (pin 19)提供一个电流为 V_X/R_{SLOPE} 的恒流源。在 RAMP 与信号地 GND 之间接一个电容 C_{RAMP},就决定了锯齿波的斜率 $\dfrac{dV}{dt} = \dfrac{V_X}{R_{SLOPE}C_{RAMP}}$。选定 R_{SLOPE} 和 C_{RAMP},就决定了锯齿波的幅值。如果 V_X 接整流后直流电压的采样电压,就可实现输入电压前馈。一般在电压型调节方式中,V_X 直接接 1 脚的 5V 基准电压。

RAMP 接到 PWM 比较器的一个输入端,PWM 比较器的另一个输入端是误差放大器的输出端。在 RAMP 与 PWM 比较器的输入端之间有一个 1.3V 的偏置,因此适当地选择 R_{SLOPE} 和 C_{RAMP} 的值,就可使误差放大器的输出电压不超过锯齿波的幅值,从而实现最大占空比限制。

9.6.5 误差放大器和软启动

误差放大器实际上是一个运算放大器,在电压型调节方式中,其同相端 E/A+ (pin 4)一般接基准电压,反相端 E/A − (pin 3)一般接输出电压反馈信号,反相端 E/A −与输出端 E/A OUT (COMP) (pin 2)之间接一个补偿网络,E/A OUT 接到 PWM 比较器的一端。

软启动功能脚 SOFT-START (pin 6)与信号地 GND 之间接一个电容 C_{SS},当 SOFT-START 正常工作时,芯片内有一个 9 μA 的恒流源给 C_{SS} 充电,SOFT-START 的电压线性升高,最后达到 4.8V。SOFT-START 在芯片内与误差放大器的输出相接,当误差放大器的输出电压低于 SOFT-START 的电压时,误差放大器的输出电压被箝在 SOFT-START 的电压值,因此 SOFT-START 工作时,输出级的移相角从 180°逐渐减小,使全桥变换器的脉宽从 0 开始慢慢增大,直到稳定工作,这样可以减小主功率开关管的开机冲击。当 V_{IN} 低于 UVLO 门槛电压时,或电流检测端 C/S+

(pin 5)电压高于 2.5V 时,SOFT-START 的电压被拉低到 0V。当上述两种情况均不存在时,SOFT-START 恢复正常工作。

9.6.6　移相控制信号发生电路

移相控制信号发生电路是 UC3875 的核心部分。振荡器产生的时钟信号经过 D 触发器(Toggle FF)2 分频后,从 D 触发器的"Q"和"$\overline{Q}$"得到两个 180°互补的方波信号。这两个方波信号从 OUTA 和 OUTB 输出,延时电路为这两个方波信号设置死区,以避免同一桥臂两只开关管直通,损坏开关管。OUTA 和 OUTB 与振荡时钟信号同步。

PWM 比较器将锯齿波和误差放大器的信号进行比较后,输出一个方波信号,这个信号与时钟信号经过"或非门"后送到 RS 触发器,RS 触发器的输出"$\overline{Q}$"和 D 触发器的"Q"运算后,得到两个 180°互补的方波信号。这两个方波信号从 OUTC 和 OUTD 输出,延时电路为这两个方波信号设置死区,以避免同一桥臂两只开关管直通。

OUTC 和 OUTD 分别超前于 OUTB 和 OUTA,之间相差一个移相角,移相角的大小决定于误差放大器的输出与锯齿波的交截点。OUTC 和 OUTD 分别是超前桥臂上管和下管的驱动信号,OUTA 和 OUTB 分别是滞后桥臂上管和下管的驱动信号。

9.6.7　过流保护

在芯片内,有一个电流比较器,其同相端接电流检测端 C/S+ (pin 5),反相端在内部接了一个 2.5V 电压。当 C/S+电压超过 2.5V 时,电流比较器输出高电平,使输出级全部为低电平,同时,将软启动脚的电压拉低到 0V。当 C/S+电压低于 2.5V 后,电流比较器输出低电平,软启动电路工作,输出级的移相角从 180°慢慢减小。实际上,也可以把 C/S+用作一个故障保护电路,例如输出过压、输出欠压、输入过压、输入欠压等。当这些故障发生时,通过一定的电路转换成高于 2.5V 的电压,接到 C/S+端,就可以对电路实现保护了。

9.6.8　死区时间设置

为了防止同一桥臂的两个开关管同时导通,同时给开关管提供软开关的时间,两个开关管的驱动信号之间应该设置一个死区时间。芯片为用户提供了两个脚:A-B 死区设置脚 DELAY SET A-B (pin 15)和 C-D 死区设置脚 DELAY SET C-D (pin 7)。在死区设置脚与信号地 GND 之间并接一个电阻和一个电容,就可以分别为两对互补的输出信号 OUTA 和 OUTB、OUTC 和 OUTD 设置死区时间。选择不同的电阻和电容,就可以设置不同的死区时间。

9.6.9　输出级

UC3875 最终的输出就是四个驱动信号:OUTA（pin 14）,OUTB（pin13）,OUTC（pin 9）和 OUTD（pin 8）,它们用于驱动全桥变换器的四个开关管。这四个输出均为图腾柱（Totem-Pole）驱动方式,都可以提供 2A 的驱动峰值电流,它们可以直接经过隔离变压器来驱动小功率的 MOSFET。

9.7　驱动电路

在全桥变换器中,大多采用 MOSFET 或 IGBT 作为主开关管。MOSFET 和 IGBT 均为电压型驱动方式,其驱动电路较为简单。在设计 MOSFET 和 IGBT 的驱动电路时,要考虑以下几个因素。

(1) 驱动能力。所谓驱动能力,是指驱动电路需提供足够的电流,在所要求的开通时间和关断时间内对 MOSFET 或 IGBT 的栅极电容 C_{iss} 充电和放电。栅极电容 C_{iss} 包括栅-源之间的电容 C_{GS} 和栅-漏之间的电容 C_{GD},即 $C_{iss}=C_{GS}+C_{GD}$。MOSFET 和 IGBT 的开通和关断实质上是对其栅极电容的充放电过程,栅极电压 V_{GS} 的上升时间 t_r 和下降时间 t_f 取决于输入回路的时间常数,即

$$t_r（或\ t_f）=2.2R_gC_{iss} \tag{9.23}$$

式中,R_g 是栅极回路电阻,其中包括驱动电源的内阻。从式(9.23)中可以知道,驱动电源的内阻越小,驱动速度越快。

(2) MOSFET 和 IGBT 在关断时,可以加反向电压,以防止受到干扰时误开通。

(3) 驱动信号有时要求在电气上进行隔离。

9.7.1　中小功率 PWM 全桥变换器中 MOSFET 和 IGBT 的驱动电路

对于 PWM 全桥变换器而言,同一桥臂的两只开关管的驱动信号 $S_{上管}$ 和 $S_{下管}$ 相差 $180°$,是刚好相反的,即一只开关管开通,另一只开关管要关断,或者同时关断（指死区时间）,如图 9.2 所示。那么我们可以使其驱动信号 $v_{GS(上管)}$ 和 $v_{GS(下管)}$ 均为正负半周对称的交流信号,它们可以通过高频变压器来产生。由于 $v_{GS(上管)}$ 和 $v_{GS(下管)}$ 刚好是相反的信号,因此这两个信号可以由同一个驱动变压器产生,如图 9.3 所示。该驱动变压器有三个绕组,一个原边绕组,两个副边绕组。两个副边绕组分别驱动同一桥臂的两个开关管。

现在我们所要考虑的是驱动变压器原边信号的产生。在驱动小功率的 MOSFET 和 IGBT 时,如果控制芯片的驱动信号是图腾柱输出方式,且可提供一定的驱动

电流,那么可以直接由控制芯片驱动变压器,如图 9.4 所示。其中,UC3875 提供了四个输出电流峰值为 2A 的图腾柱输出极。由于它们直接接的是驱动变压器,所以必须给每个输出端与工作电源 V_C 之间和输出端与工作地之间分别接一个肖特基二极管,以防止损坏输出级。以滞后桥臂的驱动为例,UC3875 的 OUTA(14 脚)的 OUTB(13 脚)驱动波形分别为图 9.2 中的 $S_{上管}$ 和 $S_{下管}$ 的波形。在驱动变压器的原边串接一个 10 Ω电阻,使原边最大电流限制在 1.2A。

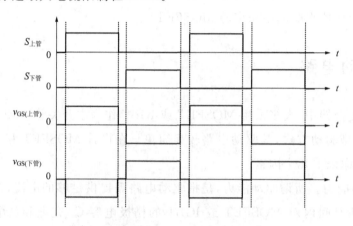

图 9.2　同一桥臂开关管的开关信号及其栅极驱动信号

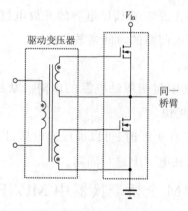

图 9.3　一个驱动变压器驱动同一桥臂的两只开关管

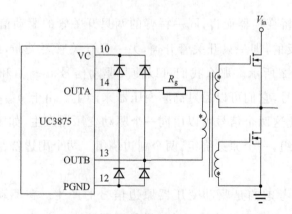

图 9.4　直接由控制芯片接驱动变压器的驱动电路

如果要驱动功率较大的 MOSFET 或 IGBT,控制芯片的驱动能力就显得不够了,那么可以将控制芯片的驱动信号进行功率放大,如图 9.5 所示。其中,Q_{d1} 和 Q_{d3}、Q_{d2} 和 Q_{d4} 分别构成两对图腾柱,其输出用来驱动变压器。

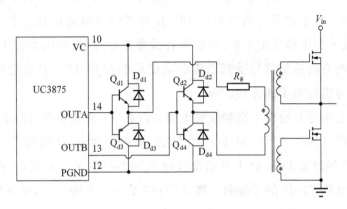

图 9.5 控制芯片后接功率放大电路的驱动电路

9.7.2 大功率 PWM 全桥变换器中 MOSFET 和 IGBT 的驱动电路

对于大功率的 MOSFET 和 IGBT,上面所讨论的驱动电路的驱动能力不够,必须另行设计。目前有很多专用的驱动电路,但它们存在一些缺点:

(1)需要提供单独的驱动电源,有的是±15V,也有的是＋20V 电源,使用起来不太方便。

(2)它们均采用光耦隔离,因此工作频率一般不超过 40kHz,有的甚至只有 10kHz,这就使得这些驱动模块无法在高频软开关变换器中使用。

(3)需要外接许多分立器件,电路显得不够简炼。

(4)价格较高,不利于产品降低成本。

国外的产品中曾使用过双磁环隔离式驱动电路,一个磁环用于传递驱动能量,另一个则用于传递驱动信号,这使得驱动电路有些复杂化。美国 TI 公司推出了 UC3726 和 UC3727 驱动电路对[58,59],这两个电路组合使用,它不需要单独的驱动电源,采用一个磁环隔离,这个磁环既传递驱动信号,又传递驱动能量,但其所需外围电路较多。

本节讨论一种新型的适用于 IGBT 和 MOSFET 的驱动电路,它采用一个磁环隔离,这个磁环既传递驱动信号,又传递驱动能量,因此无需附加单独的浮地电源。由于是磁环隔离,所以其工作频率可达到 100kHz。

本驱动电路分为高频载波电路和功率级电路两个部分。高频载波电路用于产生高频交流信号输送给高频隔离变压器,功率级电路产生驱动信号给所要驱动的 IGBT 或 MOSFET。

1. 高频载波电路

高频载波电路的基本思路是：①为了使驱动信号与给定驱动信号隔离，可用变压器来隔离，而为了使变压器小型化，变压器应工作在高频下。② 高频隔离变压器可用推挽电路来驱动，这就需要两个相差 180°互补工作的驱动信号。③当功率管需要开通时，高频隔离变压器开始工作；当功率管需要关断时，高频隔离变压器停止工作。这就要求推挽电路的控制信号受到给定驱动信号的控制，即可对给定驱动信号和一个高频方波信号进行简单的处理。

图 9.6 的上半部分给出了高频载波电路。晶振 JZ 及其外围电路 R_{11}、R_{12}、C_8、C_9 和三个与非门(74LS00)产生 8MHz 的方波脉冲，经过两级 D 触发器(74LS74)分频后，在第二级 D 触发器 Q 和 $\overline{Q}$ 上分别得到频率为 2MHz、相位相反的方波脉冲，它们分别送到集成电路 75463 的 1 脚和 6 脚。75463 是一个 8 脚芯片，里面集成了两个双输入或非门电路，输出为 OC 门。给定驱动信号 S_g 分别送到 75463 的 2 脚和 7 脚，当 S_g 为低电平时，高频隔离变压器开始工作；当 S_g 为高电平时，A_1 和 B_1 均为低电平，高频隔离变压器停止工作。为了保护 75463 内部的三极管，给它们分别外接一个反并二极管 D_9 和 D_{10}。

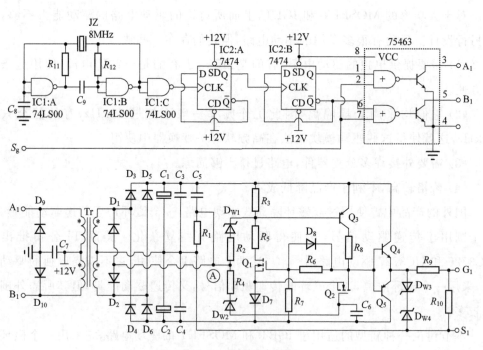

图 9.6 驱动电路原理

2. 功率级电路

功率级电路的基本思路是：①IGBT 和 MOSFET 在关断时，一般要加反压，以加速其关断。为了得到反压，变压器的副边绕阻采用中心抽头的方式，用桥式整流得到 ±15V 的电压。②输出采用图腾柱形式，以提高开关速度。

功率级电路如图 9.6 的下半部分所示，$D_3 \sim D_6$ 构成一个桥式整流电路，经 $C_1 \sim C_4$ 滤波后，得到 ±15V 的直流电压。R_1 和 D_1、D_2 组成一个双半波整流电路，用来检测高频隔离变压器 Tr 是否有交流信号，如果有，则 R_1 上有电压，A 点电压为 −15V；如果没有，则 R_1 上没有电压，A 点电压为 0V。电容 C_5 是滤波电容，用来滤除 A 点电压的高频分量。

当 A 点电压为 −15V 时，稳压二极管 D_{W1} 击穿导通，R_3 使 Q_3 的 be 结正偏，Q_3 导通，同时使 Q_1 和 Q_4 导通。Q_1 导通后，为 Q_3 提供基极电流，保证 Q_3 的导通。R_3、D_{W1} 和 R_2 只是起到一个触发作用，而 Q_1 则起到锁定开通的作用。Q_4 导通后，就给所要驱动的 IGBT 或 MOSFET 提供正向驱动。

当 A 点电压为 0 时，稳压二极管 D_{W1} 关断，D_{W2} 击穿导通，驱动 Q_2 开通。一旦 Q_2 导通，Q_1 立即关断，使得 Q_3 关断，同时 Q_5 开通，对所要驱动的 IGBT 或 MOSFET 的栅极进行反向抽流，从而关断 IGBT 或 MOSFET。

Q_1 和 Q_2 采用 MOS 管，以提高驱动电路的开通和关断速度。由于 MOS 管的 D 极和 S 极寄生有反并二极管，因此在 Q_1 和 Q_2 的 S 极通路中加入了一个二极管 D_7，以防止 Q_1 和 Q_2 反向导通。D_8 是用于加速 Q_1 的关断的，为 Q_1 的反向基极电流提供低阻抗回路。D_{W2} 的作用是用来防止干扰，因为高频隔离变压器工作时，A 点的 −15V 电压并不是很干净（虽然有滤波电容 C_5，但 C_5 不能选得过大，否则影响驱动电路的关断速度），依然有高频分量，其电压的最高值（比如 −12V）有可能使 Q_2 误导通。加入一个 12V 的稳压管 D_{W2} 后就可以避免 Q_2 的误导通了。D_{W3} 和 D_{W4} 是两个反向串联的稳压二极管，防止驱动电压过高，损坏 IGBT 或 MOSFET。R_9 和 R_{10} 起到防止 IGBT 或 MOSFET 的栅极电压振荡的作用。

图 9.7 给出了驱动电路的实验波形。这种驱动电路驱动的是 IXYS 公司生产的 IGBT 模块（两单元），其型号为 VII50-12S3 (50A/1200V)，开关频率为 30kHz。驱动 IGBT 的信号与给定驱动波形相位是相反的。这就要求在使用时应先将控制电路的输出信号反相，这样在驱动电路的输出端才能得到与控制电路的输出信号同相的驱动信号。

图 9.7(a) 是给定驱动信号（上面曲线）和高频隔离变压器副边波形（下面曲线）。当给定驱动信号为低电平时，高频隔离变压器副边有输出信号；而当给定驱动信号为高电平时，高频隔离变压器副边没有输出信号。

图 9.7(b) 是给定驱动信号（上面曲线）和电阻 R_1 上的电压波形（A 点，下面曲线），该图表明，当给定驱动信号为低电平时，A 点电压为 −15V，由于滤波电容 C_5 不是太大，A 点电压不是很平滑，有高频分量。而当给定驱动信号为高电平时，A 点电压为 0V。从图可以看出，当 A 点电压从 −15V 上升到 0V 时，C_5 有一个放电的过程，C_5 越大，放电过程越慢，A 点电压上升到 0V 的时间越长，这使得驱动信号的关断延

迟时间变长。

图 9.7(c)给出了给定驱动信号(上面曲线)和 IGBT 的驱动信号(下面曲线),从图可以看出,开通延迟时间为 0.64 μs (从给定驱动信号由高电平变成低电平到 IG-BT 栅极电压由-15V 上升到+15V),关断延迟时间为 0.60 μs(从给定驱动信号由低

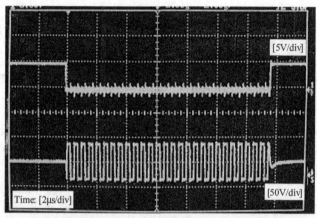

(a) 给定驱动信号(上面)和高频隔离变压器副边电压波形(下面)

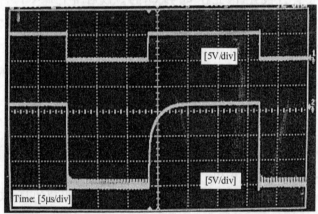

(b) 给定驱动信号(上面)和电阻 R_1 上的电压波形(下面)

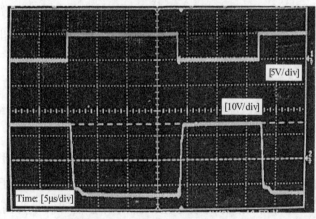

(c) 给定驱动信号(上面)和 IGBT 的驱动信号(下面)

图 9.7　驱动电路的实验波形

电平变成高电平到 IGBT 的栅极电压由＋15V 下降到－5V,因为 IGBT 在加上－5V 电压时已完全关断)。

本驱动电路适用于驱动 IGBT 和 MOSFET,其主要优点是:①只用一个磁环隔离来构成隔离变压器,这个磁环既传递驱动信号,又传递驱动能量;②不需要单独的浮地电源;③工作频率高,可达到 100kHz;④延迟时间短;⑤电路简炼,可靠性高;⑥成本低。

本章小结

本章介绍了 PWM 全桥变换器的主要元件,包括输入滤波电容、高频变压器、输出滤波电感和输出滤波电容的设计方法,介绍了移相控制专用芯片 UC3875 的内部功能及其使用方法。讨论了几种简单实用的驱动电路,并给出了一种适用于大功率 IGBT 和 MOSFET 的驱动电路。

第 10 章
54V/10A 通信电源设计实例

第 3 章介绍了移相控制 ZVS PWM 全桥变换器的工作原理,本章采用该变换器研制一台 54V/10A 输出的通信电源,详细介绍其电路结构和参数设计,并给出实验结果。

该电源的主要设计指标如下:

- 输入交流电压:220V ±20%,50Hz。
- 输出直流电压:54V。
- 输出电流:10A。

10.1 主电路结构

电源的主电路结构如图 10.1 所示,由①输入整流滤波电路;②单相逆变桥;③高频变压器、谐振电感和隔直电容;④输出整流滤波电路等四部分组成。

1. 输入整流滤波电路

该电路是将单相交流电进行整流、滤波,为单相逆变桥提供一个平滑的直流电压。其中,EMI 是输入滤波器,它能减小电源内部对电网的干扰,同时又能抑制电网对电源的干扰。R_{Y1} 和 R_{Y2} 是压敏电阻,防止出现异常情况,如有雷击时电网电压过高,对电源造成破坏。RECT 是单相整流桥。C_1 和 C_2 是输入滤波电容,它采用电解电容。C_3 和 C_4 是高频电容,这里采用涤纶电容,用于吸收直流母线上的高频电压尖峰。R_1 和可控硅 SCR 构成输入软启动电路,防止电源开机时出现过大的充电电流。开机时,通过 R_1 给电容 $C_1 \sim C_4$ 充电,启动完成后,高频变压器的控制绕组产生脉冲电压经二极管 D_{209} 和电容 C_{201} 整流滤波,通过 R_{209} 和 R_{210} 触发 SCR 导通,将 R_1 短路。

2. 单相逆变桥

单相逆变桥由 $S_1 \sim S_4$ 四个功率开关管(MOSFET)组成,为高频变压器提供脉宽可调的高频交流方波电压。$R_{201} \sim R_{204}$ 是栅极电阻,与栅极并联。

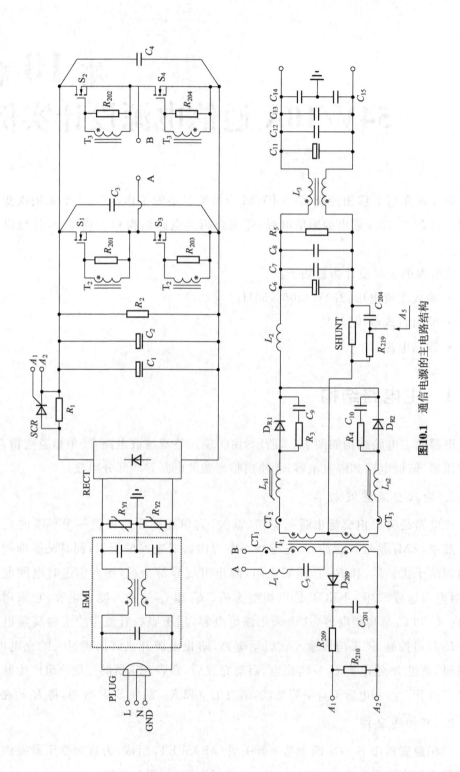

图10.1 通信电源的主电路结构

3. 高频变压器、谐振电感和隔直电容

高频变压器 T_1 起到电气隔离和降压的作用,它有一个原边绕组、两个副边绕组和一个控制绕组,其中控制绕组用于触发 SCR 导通。谐振电感 L_1 用来帮助实现功率开关管 $S_1 \sim S_4$ 的 ZVS,而隔直电容 C_5 则是用来防止高频变压器直流磁化。由于功率管驱动电路的不一致、功率管的离散性和电压误差放大器的调节作用,会导致单相逆变桥输出的交流方波电压中含有较小的直流分量,如果不用隔直电容将直流分量隔去,高频变压器将会饱和,导致单相逆变桥烧毁。

4. 输出整流滤波电路

输出整流滤波电路用来将变压器副边的高频交流方波电压整流和滤波,得到54V 的直流电压。其中,D_{R1} 和 D_{R2} 是输出整流二极管,R_3 和 C_9、R_4 和 C_{10} 分别为 D_{R1} 和 D_{R2} 的缓冲电路,饱和电感 L_{S1} 和 L_{S2} 用来减小 D_{R1} 和 D_{R2} 的反向恢复电流。L_2 是输出滤波电感,$C_6 \sim C_8$、$C_{11} \sim C_{13}$ 是滤波电容,L_3 和 C_{14}、C_{15} 构成去除共模杂音回路。

10.2 控制电路和保护电路

本电源的控制电路采用 UC3875 来实现,如图 10.2 所示。它具体分为如下几个部分:参数设置、电压反馈环节、输出电流限制。保护电路包括四种保护功能和一种报警功能。

1. 参数设置

R_{102} 和 C_{103} 设置开关频率,R_{103} 和 C_{104} 设置 OUTA 和 OUTB 的死区时间,R_{107} 和 C_{108} 设置 OUTC 和 OUTD 的死区时间,R_{101} 和 C_{102} 分别设置锯齿波的斜率和幅值,C_{107} 设置软启动的时间。

2. 电压反馈环节

电压调节器利用 UC3875 内部的误差放大器。输出电压经过电位器 R_{V1} 分压后经 R_{106} 送到误差放大器的反相端 E/A−,5V 基准电压经 R_{104} 和 R_{105} 分压后,得到 3V 电压送到同相端 E/A+,作为电压给定信号。R_{108} 和 C_{106} 跨接在反相端和输出端作为补偿网络,构成比例-积分(PI)调节器。为了提高 PI 调节器的动态特性,R_{108} 和 C_{106} 上并接了 R_{109}。调节 R_{V1} 可以调节输出电压反馈系数,从而调节输出电压。

3. 输出电流限制

为了防止输出电流超过额定电流,控制电路中设置了输出限流电路,该电路也采用 PI 调节器,如图 10.3 所示。

5V 基准电压经电位器 R_{V2} 分压后作为输出电流限制值给定,输出电流由磁环构成的电流互感器检测,两个电流互感器 CT_2 和 CT_3 分别检测两个输出整流管电流,然

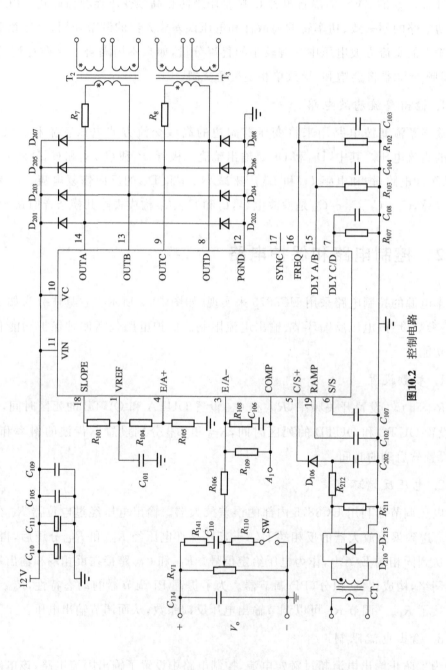

图10.2 控制电路

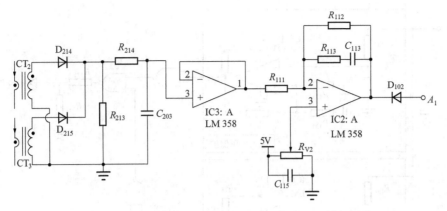

图 10.3 输出电流限制电路

后相加,得到输出电流。R_{111}是输入电阻,R_{113}和C_{113}是补偿网络,R_{112}用来提高电流环的动态特性。输出限流电路的输出端经二极管D_{102}连到电压调节器的输出端,即图 10.2 的A_1处。当输出电流未达到限流值时,电压调节器的输出电压起作用,与锯齿波比较,决定全桥变换器的占空比。一旦输出电流达到限流值,输出限流电路的输出电压低于电压调节器的输出电压,二极管D_{102}导通,这时由输出限流电路的输出电压与锯齿波比较,来决定全桥变换器的占空比。调节R_{V2}可以调节输出电流限流值。

4. 保护电路

除了输出电流限制以外,本电源还设置有四种保护功能和一种告警功能:输入过压保护、输入欠压保护、输出过压保护、开关管过流保护和输出欠压告警。保护电路如图 10.4 所示。

前三种保护功能的实现电路是类似的,即输入电压V_{in}(或输出电压V_o)经过分压后送到比较器的反相端,比较器的同相端接给定电压。只是比较器的输出不同,即输入过压和输出过压时,比较器输出低电平;输入欠压和输出欠压时,比较器输出高电平。前面三种保护电路的输出经过 4011 的运算后,成"或"的关系,即只要有一种故障发生,得到的故障信号(R_{131}和R_{132}的连接点)就为 4V 电压,通过二极管接到 UC3875 的电流检测端 C/S+,使 UC3875 的输出 OUTA~OUTD 全部为低电平,关断主功率开关管。输出欠压时,比较器输出高电平,发光二极管 LED 点亮,同时蜂鸣器发出声音报警。

为了保护主功率管不致过流烧毁,利用电流互感器CT_1检测变压器的原边电流,D_{210}~D_{213}将检测到的电流信号整流后经过R_{211}得到一个电压信号,该电压信号经过R_{212}和C_{202}滤除尖峰信号后,经由二极管D_{106}引到 UC3875 的电流检测端 C/S+。当原边电流过流时,检测到的电流信号超过 2.5V,UC3875 的输出 OUTA~OUTD 全部为低电平,关断主功率开关管。

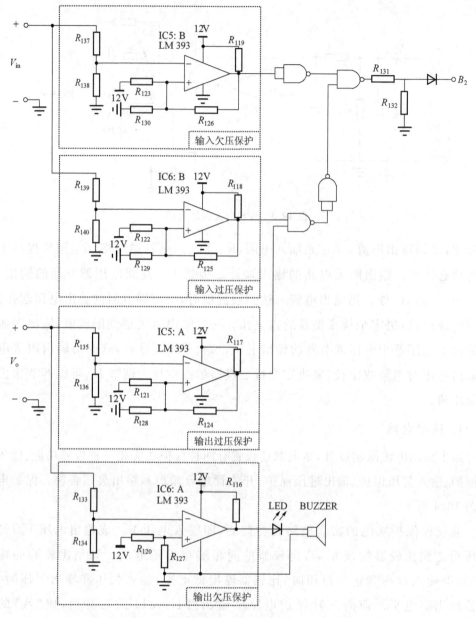

图 10.4　保护电路

10.3　驱动电路

在选择开关管的驱动电路时,考虑了以下四个因素:

(1) 本电源采用移相控制方案,每个桥臂的两个开关管 180°互补导通。

(2) 主功率管选用的是 MOSFET,MOSFET 是电压型驱动方式。

(3) UC3875 提供了四个输出电流峰值为 2A 的图腾柱输出级。

(4) 每个桥臂的两个开关管的驱动电路要相互隔离。

基于以上四点,这里采用如图 10.5 所示的驱动电路,直接利用变压器来驱动。驱动变压器原边两端接到同一对输出脚,两个副边分别驱动同一桥臂的两个功率管。在驱动变压器的原边串接了电阻 R_7,其阻值为 $10\,\Omega$,使原边最大电流限制在 $1.2\mathrm{A}$。为了使 UC3875 不被低于 $0\mathrm{V}$ 和高于 V_C 的电压损坏,需要采用肖特基(Schottky)二极管对输出极进行箝位。由于驱动变压器驱动同一个桥臂两个功率管,因此要求绕组之间必须有 $500\mathrm{V}$ 以上的绝缘电压。

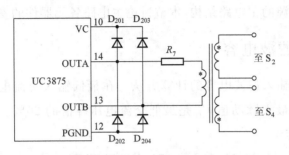

图 10.5 MOSFET 的驱动电路

10.4 电流检测电路

检测电流的方法很多,最简单的方法是采用电阻,即在需要检测电流的回路中串联一个较小的电阻,检测电阻上的电压降就可检测电流大小。这种方法的不足是电阻上有损耗,同时没有电气隔离。比较精确而且有电气隔离的检测方法是采用霍尔元件,但成本较高,而且需要精确的 $\pm 15\mathrm{V}$ 直流电源。既经济又简单的方法是选用磁环来构成电流互感器,但它只能检测交流信号。为了检测直流信号,应根据不同的电路结构采用电流互感器来构成电流检测电路。这里介绍输出滤波电感电流 i_Lf 的检测电路。

从图 10.1 可以知道,输出滤波电感电流 i_Lf 是两个输出整流二极管的电流之和,而输出整流管的电流是一个直流方波信号,可以用图 10.6(a)所示的方法来检测。当电流互感器 CT 的原边有电流流过时,副边也有电流流过,检测电阻 R_s 上有电压。当

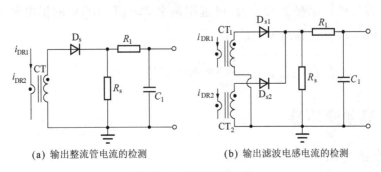

(a) 输出整流管电流的检测   (b) 输出滤波电感电流的检测

图 10.6 电流检测电流

CT 的原边没有电流时，副边也没有电流流过，这时二极管 D_s 反向击穿，给磁环去磁，使磁环磁复位。依据这样的原理，可以构成 i_{Lf} 的检测电路，如图 10.6(b)所示。其中 R_1 和 C_1 是 RC 滤波环节，用来滤除电流尖峰。该电路简单可靠，损耗极小，成本低廉。

10.5　参数选择

前面介绍了电源的主电路结构，本节讨论主电路各元器件的参数设计。

10.5.1　输入滤波电容

第 9 章讨论了输入滤波电容的计算方法。在最低输入交流电时，这里取整流滤波后的直流电压的最大脉动值 V_{pp} 是最低交流电压峰值的 20%。这样，按照下面的步骤来计算 C_{in} 的容量。

(1) 相电压有效值：220V ±20% = 176～264V（AC）。

(2) 相电压峰值：249～373V。

(3) 整流滤波后的直流电压的最大脉动值：50V（249×20%）。

(4) 整流滤波后的直流电压：199～373V(DC)。

为了保证整流滤波后的直流电压最小值 $V_{in(min)}$ 符合要求，每个周期中 C_{in} 所提供的能量约为

$$W_{in} = \frac{P_{in}/\eta}{f} = \frac{54 \times 10/0.92}{50} = 11.74 \text{ (J)} \tag{10.1}$$

这里变换效率 η 取 0.92。

每个半周期输入滤波电容所提供的能量为

$$\frac{W_{in}}{2} = \frac{1}{2} C_{in} \left[(\sqrt{2} V_{line(min)})^2 - V_{in(min)}^2 \right] \tag{10.2}$$

因此输入滤波电容容量为

$$C_{in} = \frac{W_{in}}{(\sqrt{2} V_{line(min)})^2 - V_{inmin}^2} = \frac{11.74}{249^2 - 199^2} = 524(\mu F) \tag{10.3}$$

根据电容生产厂家提供的手册，可选用两个 330 μF/400V 的铝电解电容并联使用。根据式(10.2)可计算出 $V_{in(min)}$ 为

$$V_{in(min)} = \sqrt{(\sqrt{2} V_{line(min)})^2 - \frac{W_{in}}{C_{in}}} = 210.3 \text{ (V)} \tag{10.4}$$

10.5.2　高频变压器

1. 原副边变比

为了提高高频变压器的利用率，减小开关管的电流，降低输出整流二极管的电压

应力,从而减小损耗和降低成本,高频变压器原副边变比应尽可能地大一些。为了能在规定的输入电压范围内输出所要求的电压,变压器的变比应按最低输入电压 $V_{in(min)}$ 选择。考虑到移相控制方案存在副边占空比丢失的现象,我们选择副边最大占空比为 0.85,则可计算出副边电压 V_{secmin} 为

$$V_{sec(min)} = \frac{V_o + V_D + V_{Lf}}{D_{sec(max)}} = \frac{54 + 1.5 + 0.1}{0.85} = 65.41 \text{ (V)} \tag{10.5}$$

其中,V_o 为输出电压,V_D 为输出整流二极管的通态压降,V_{Lf} 是输出滤波电感上的直流压降。

故变压器原副边变比 $K = 210.3/65.41 = 3.22$。这里选择变比为 $K = 3$,那么副边最大占空比 $D_{sec(max)} = \dfrac{V_o + V_D + V_{Lf}}{V_{in(min)}/K} = \dfrac{54 + 1.5 + 0.1}{210.3/3} = 0.793$。

2. 原边和副边匝数

首先选定 NCD 公司的 EE42B 磁芯,这里选择开关频率为 100kHz,为了减小铁损,可确定最高工作磁密 $B_m = 0.1T$,那么副边匝数 N_s 可由下式决定:

$$N_s = \frac{V_o}{4 f_s A_e B_m} \tag{10.6}$$

式中,A_e 为磁芯的有效导磁截面积。

查手册可知,EE42B 的有效截面积 $A_e = 233 \text{mm}^2$,将它和 $f_s = 100\text{kHz}$、$V_o = 54\text{V}$、$B_m = 0.1\text{T}$ 代入式(10.6),可算出副边匝数 $N_s = 5.79$,取 $N_s = 6$。

变压器原副变比为 3,因此变压器原边匝数 $N_p = 18$。

3. 原边绕组导线选择

在选用绕组的导线线径时,要考虑导线的集肤效应,一般要求导线线径小于 2 倍穿透深度。前面已提到,本电源的开关频率为 100kHz,在此频率下,铜导线的穿透深度 $\Delta = 0.209\text{mm}$,因此绕组应选用线径小于 0.418mm 的铜导线或厚度小于 0.418mm 的铜皮。

根据第 9 章的式(9.11),变压器原边电流最大有效值为

$$I_{p(max)} = \frac{I_{o(max)}}{K} = \frac{10}{3} = 3.33 \text{(A)} \tag{10.7}$$

取电流密度 $J = 3.5\text{A/mm}^2$,则原边绕组的总导电面积 $S_p = \dfrac{3.33\text{A}}{3.5\text{A/mm}^2} = 0.952\text{mm}^2$。由于 EE42B 的窗口高度为 30.4mm,这里选择宽 24mm 的铜皮,其所需厚度为 0.952/24 = 0.04mm。最终选择宽 24mm、厚 0.05mm 的铜皮绕制原边绕组。

4. 副边绕组导线选择

变压器有两个副边绕组,构成双半波整流电路,因此每组副边绕组的最大电流有效值 $I_{s(max)} = 10/\sqrt{2} = 7.071 \text{(A)}$。取电流密度 $J = 3.5\text{A/mm}^2$,则副边导线总面积 S_s

$$= \frac{7.071A}{3.5\ \mathrm{A/mm^2}} = 2.02mm^2$$。同样选择宽 24mm 的铜皮,其所需厚度为 2.02/24 = 0.084(mm)。最终选择宽 24mm、厚 0.1mm 的铜皮绕制副边绕组。

5. 窗口面积校核

根据所选择的铜皮,所有绕组的总铜皮厚度为 $0.05 \times 18 + 0.1 \times 6 \times 2 = 2.1$(mm)。EE42B 的窗口宽度为 8.75mm,则窗口填充系数为 2.1/8.75 = 0.24。显然,绕组可以绕下。

10.5.3　谐振电感

1. 谐振电感量的计算

谐振电感是用来帮助滞后桥臂实现 ZVS,因此希望其电感量要大一些,但这会导致较大的占空比丢失。从上面的计算可以看出,副边最大占空比为 $D_{\mathrm{sec(max)}} = 0.793$,那么我们可让最大占空比丢失为 0.15,则根据式(3.23),可得谐振电感的大小为

$$L_1 = \frac{KV_{\mathrm{in(min)}}D_{\mathrm{loss}}}{4I_{\mathrm{omax}}f_s} = \frac{3 \times 210.3 \times 0.15}{4 \times 10 \times 100 \times 10^3} = 23.66\ (\mu\mathrm{H}) \tag{10.8}$$

实际取 $L_1 = 24\ \mu\mathrm{H}$。

在第 3 章中,式(3.19)给出了滞后桥臂实现 ZVS 的条件,这里重新给出

$$\frac{1}{2}L_r I_2^2 > C_{\mathrm{lag}}V_{\mathrm{in}}^2 + \frac{1}{2}C_{\mathrm{TR}}V_{\mathrm{in}}^2 \tag{10.9}$$

由于开关管的结电容是非线性的,依据第 8 章的讨论,可用一个固定的电容值来表示其大小[55],即

$$C_{\mathrm{lag}} = \frac{4}{3} \times C_{\mathrm{oss\_25V}} \times \sqrt{25/V_{\mathrm{in}}} \tag{10.10}$$

式中,$C_{\mathrm{oss\_25V}}$ 是开关管的漏-源极电压 $V_{\mathrm{ds}} = 25\mathrm{V}$ 时,其漏-源极结电容的大小。

忽略滤波电感电流的脉动,则有 $I_2 = I_o/K$。将其和式(10.10)代入式(10.9),并忽略变压器的绕组电容,可得滞后桥臂实现 ZVS 的最小负载电流为

$$I_o \geqslant KV_{\mathrm{in}}\sqrt{\frac{40}{3}\frac{C_{\mathrm{oss\_25V}}}{L_1}\sqrt{V_{\mathrm{in}}}} \tag{10.11}$$

后面将会给出,本变换器将选用 IRF840 作为开关管,其 $C_{\mathrm{oss\_25V}} = 310\mathrm{pF}$。将相关数据代入式(10.11),可以画出图 10.7。从图中可以看出,输入电压越高,滞后桥臂实现 ZVS 所需的负载电流越大。总体来说,在 1/3 满载时可以实现滞后桥臂的 ZVS。

2. 谐振电感的设计

谐振电感的工作情况如下。

(1) 谐振电感的电流是双向流动的,其磁芯工作在第一、三象限,是双向磁化的,属于第一类工作状态,其工作频率为 100kHz。为了减小铁损,磁芯的工作磁密不宜

取得太高,查手册知,在 100kHz 时,材料为 2500B 的磁芯工作磁密一般低于 200mT。

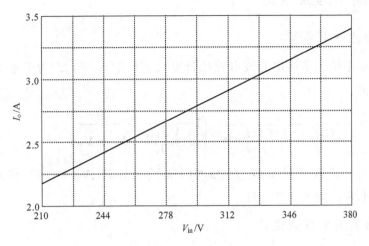

图 10.7 滞后桥臂实现 ZVS 的最小负载电流

(2)L_1 的电流最大值 $I_{\text{L1max}} = \dfrac{I_{\text{o(max)}} + \frac{1}{2}\Delta I_{\text{max}}}{K} = \dfrac{10 + \frac{1}{2} \times 2}{3} = 3.67$(A)

谐振电感的设计步骤如下。

(1)初选磁芯大小。初步选择 NCD 公司的 EE25A 磁芯,其有效导磁面积 $A_{\text{e}} = 42.2\text{mm}^2$。

(2)初选气隙大小,以计算绕组匝数。取气隙 $\delta = 0.5\text{mm}$,根据下式:

$$L = \frac{\mu_0 N_L^2 A_{\text{e}}}{\delta} \tag{10.12}$$

可得绕组匝数 $N_{\text{L1}} = 15$。

(3)核算磁芯最高工作磁密 B_{m}。根据下式:

$$B_{\text{m}} = \frac{\mu_0 N_{\text{L1}} I_{\text{L1max}}}{\delta} \tag{10.13}$$

可得 $B_{\text{m}} = 138\text{mT}$。

(4)计算绕组的线径和股数。谐振电感是与变压器原边串联的,其电流有效值等于变压器原边电流有效值,那么谐振电感电流有效值的最大值为 $I_{\text{L1max}} = 3.33\text{A}$。同样取电流密度 $J = 3.5\text{A/mm}^2$,则原边绕组的总导电面积 $S_{\text{p}} = \dfrac{3.33\text{A}}{3.5\ \text{A/mm}^2} = 0.952\text{mm}^2$。EE25A 磁芯的窗口高度为 13.6mm,因此可选宽度为 10mm 的铜皮,则所需厚度为 $0.952/10 = 0.095$(mm)。为此,选择宽 10mm、厚 0.1mm 的铜皮来绕制谐振电感。

(5)核算窗口面积。根据所选择的铜皮,谐振电感绕组的总铜皮厚度为 $0.1 \times 15 = 1.5$(mm)。EE25A 磁芯的窗口宽度为 5.92mm,则窗口填充系数为 $1.5/5.92 = 0.253$。显然,绕组可以绕下。

10.5.4　输出滤波电感

1. 输出滤波电感量

在第 9 章中给出了输出滤波电感的计算公式[式(9.18)]。为了本章的完整性，重新写在下面：

$$L_f = \frac{V_o}{2 \times (2f_s) \cdot (10\% I_{o(\max)})} \left(1 - \frac{V_o}{\frac{V_{in(\max)}}{K} - V_{Lf} - V_D} \right) \tag{10.14}$$

将 $V_{in(\max)} = 373V$、$V_o = 54V$、$f_s = 100kHz$、$V_D = 1.5V$、$V_{Lf} = 0.1V$ 代入上式，可得 $L_f = 75.6\ \mu H$，实际取 $L_f = 75\ \mu H$。

2. 输出滤波电感的设计

输出滤波电感的工作情况如下。

(1) L_f 的电流是单向流动的，流过绕组的电流具有较大的直流分量，并叠加一个较小的交变分量，其频率为 $200kHz(2 \times 100kHz)$，属于第三类工作状态。因此磁芯的最大工作磁密可以取得很高，接近于饱和磁密。

(2) L_f 的电流最大值 $I_{Lf(\max)} = I_{o(\max)} + \frac{1}{2}\Delta I_{\max} = 10 + \frac{1}{2} \times 2 = 11$ (A)，有效值电流的最大值 $I_{Lf(\max)} = 10A$。

输出滤波电感的设计步骤如下。

(1) 初选磁芯大小。初步选择 NCD 公司的 EE42A 磁芯，其有效导磁面积 $A_e = 178mm^2$。

(2) 初选一个气隙大小，以计算绕组匝数。取气隙 $\delta = 1mm$，根据式(10.12)，可得绕组匝数 $N = 18.3$，取 $N = 20$。

(3) 核算磁芯最高工作磁密 B_m。根据式(10.13)可得 $B_m = \mu_0 N I_{Lf(\max)}/\delta = 4\pi \times 10^{-7} \times 20 \times 11/(1 \times 10^{-3}) = 276$ (mT)，EE42A 磁芯的饱和磁密 $B_s = 390mT$，显然 $B_m < B_s$，符合要求。

(4) 计算绕组的线径和股数。输出滤波电感电流有效值的最大值 $I_{Lf(\max)} = 10A$，取电流密度 $J = 3.5A/mm^2$，则所需导电面积为 $2.86mm^2$。EE42A 的窗口高度为 30.4mm，这里选择宽 24mm 的铜皮，其所需厚度为 $2.86/24 = 0.12$ (mm)。最终选择宽 24mm、厚 0.15mm 的铜皮绕制。

(5) 核算窗口面积。根据所选择的铜皮，谐振电感绕组的总铜皮厚度为 $0.15 \times 20 = 3$ (mm)。EE42A 磁芯的窗口宽度为 8.75mm，则窗口填充系数为 $3/8.75 = 0.343$。显然，绕组可以绕下。

10.5.5 输出滤波电容

1. 输出滤波电容量

在第 9 章中给出了输出滤波电容的计算公式[式(9.22)],现重新写在下面:

$$C_f = \frac{V_o}{8L_f (2f_s)^2 \Delta V_{opp}}\left(1 - \frac{V_o}{\dfrac{V_{in(max)}}{K} - V_{Lf} - V_D} \right) \tag{10.15}$$

根据相关标准,输出电压的峰-峰值 $\Delta V_{pp} < 200mV$,考虑到功率开关管开关和输出整流二极管开关时造成的电压尖峰以及直流母线电压残留的 100Hz 纹波,可令输出电压的交流纹波 $\Delta V_{opp} = 50mV$。与计算输出滤波电感同样的道理,当输入电压最高值 $V_{in(max)} = 373V$、输出电压 $V_o = 54V$ 时,根据上式,可以得到 C_f 的最大值 25.2 μF。

实际上,输出电压的峰-峰值主要由电解电容的 ESR 决定。前面已知道,滤波电感电流的脉动量为 2A,为了使 ESR 上的电压脉动小于 50mV,则 ESR 需小于 50mV/2A $= 25$mΩ。根据电解电容的特点,其容量与 ESR 的关系满足[60]

$$C \cdot ESR = 60 \times 10^{-6} \tag{10.16}$$

将 ESR $= 25$mΩ 代入上式,可得 $C_f = 2400$ μF。实际取两个容量为 1500 μF 的电解电容并联使用。

2. 输出滤波电容的耐压值

由于输出电压为 54V,可以选用耐压值为 63V。

综上所述,选用两个 1500 μF/63V 的电解电容并联使用,作为输出滤波电容。

10.5.6 主功率管的选择

考虑到功率器件的开关速度和驱动电路的简洁,本电源拟选用 MOSFET 作为功率开关管来构成全桥电路。

1. 额定电压

前面已知,整流滤波后的直流母线电压最大值为 373V,如果主电路工作在硬开关条件下,功率开关管的额定电压一般要求大于直流母线电压的 2 倍。而本电路工作在零电压开关条件下,功率开关管的额定电压可降低一些,可选为 500V。

2. 额定电流

从 10.5.4 节已知,输出滤波电感电流的最大值 $I_{Lf(max)} = 11A$,那么变压器原边电流最大值 $I_{p(max)} = 11A/K = 11A/3 = 3.67A$,这也是功率开关管中流过的最大电流。考虑到 2 倍余量,可以选用 $2 \times 3.67A = 7.33A$ 的功率开关管。

综合上面对额定电压和额定电流的要求,功率开关管可以选用 IRF840,其漏-源电压为 500V,最大漏极电流为 8A。

10.5.7　输出整流二极管的选择

本电源的开关频率为 100kHz,输出整流二极管应选用外延型快恢复二极管。

1. 额定电压

变压器副边是双半波整流电路,在加在整流管上的反向电压 $V_{DR}=2V_{in}/K$。对于本电路而言,整流管上承受的最大反向电压 $V_{DR(max)}=2V_{in(max)}/K=2\times373/3=248.67(V)$。在整流管开关时,有一定的电压振荡,因此要考虑 2 倍余量,可以选用 $2\times248.67=497.3(V)$ 的整流管。

2. 额定电流

在双半波整流电路中,在一个开关周期内,整流管的开关情况是:①当变压器副边有电压时,只有一个整流管导通;②当变压器副边电压为零时,两个整流管同时导通,可近似认为它们流过的电流相等,即均为负载电流的一半。为了简单起见,可以近似认为每只整流二极管导通半个开关周期,则其电流有效值为

$$I_{DR}=\frac{I_o}{\sqrt{2}}=\frac{10}{\sqrt{2}}=7.07\ (A) \tag{10.17}$$

整流管中流过的最大电流 $i_{DR(max)}=I_{o(max)}+\frac{1}{2}\Delta I_{Lf}=10+\frac{1}{2}\times2=11\ (A)$。

根据上面的计算,可以选用 IXYS 公司生产的 DESI12-06A 快恢复二极管,其电压和电流定额分别为 600V 和 12A。

10.6　实验结果和讨论

为了验证基本的移相控制 ZVS PWM 全桥变换器的工作原理,基于上述参数设计,在实验室完成了一台 540W 的原理样机,其主要性能指标如下。

- 输入交流电压 $V_{in}=220V\pm20\%$。
- 输出电压 $V_o=54\ V$。
- 输出额定电流 $I_o=10\ A$。

所采用的主要元器件参数如下。

- $S_1\sim S_4$:IRF840。
- 输出整流管:DESI12-06A。
- 谐振电感 $L_1=24\ \mu H$。
- 变压器匝比 $K=18:6$。
- 输出滤波电感 $L_f=75\ \mu H$。

- 输出滤波电容 $C_f = 1500\ \mu F \times 2$。
- 开关频率为 100kHz。

图 10.8 给出了输入交流电压为 220V、输出电压为 54V、满载 10A 时的实验波形。从图中可以看出变压器原边电压 v_{AB} 波形很干净，原边电流 i_p 由于有谐振电感的存在，没有传统硬开关变换器所出现的开通电流尖峰，副边整流后的电压 v_{rect} 有少许振荡，这是输出整流二极管的反向恢复造成的。从图中还可以看出，由于谐振电感的存在，原边电流 i_p 从正向（或负向）到负向（或正向）变化时需要一定的过渡时间，这就造成了副边占空比丢失，如图中的虚线部分所示。

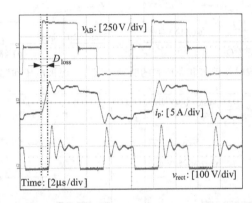

图 10.8　额定交流输入、满载输出时的实验波形

图 10.9～图 10.11 分别给出了满载、半载和 1/3 满载时，超前管和滞后管的驱动电压、漏-源极电压和漏极电流波形。从这几个图中可以看出，对于超前管而言，当其驱动电压变为正方向时，其漏-源极电压已经为零了，其内部寄生的反并二极管已经导通，此时开通它就是零电压开通。滞后管在满载和半载时可以实现 ZVS，在 1/3 满载时，由于谐振电感能量较小，滞后管没有实现 ZVS。这里要说明的是，图 10.7 中所示的曲线说明滞后管可以在 1/3 满载时实现 ZVS，这时没有考虑输出整流管的结电容。在第 6 章中已提到，在超前管关断时，谐振电感与超前管和输出整流管的结电容发生谐振，其电流从折算到原边的输出滤波电感电流开始下降，这从图 10.8～图 10.11 中均可以看出来。因此，在实际电路中，滞后管实现 ZVS 的负载范围比不考虑输出整流管结电容时的要小一些。

图 10.12 给出了该电源的整机变换效率曲线，其中图 10.12(a) 是在额定输入 220V 交流电、不同的输出电流下电源的变换效率。由图可知，负载电流为 6A 时效率最高，达到 93%，满载 10A 时效率为 91.8%。图 10.12(b) 是在输出满载 10A，不同的输入交流电压时的电源变换效率。由图可知，在输入电压保证能输出额定电压的前提下，输入电压越高，变换效率越低。这是因为：①输入电压太高，变压器没有得到充分利用；②变换器存在 0 状态，此时原边电流处于自然续流状态，原边没有能量传递到负载，而在变压器、谐振电感和开关管中却存在通态损耗。而且输入电压越高，0

状态的时间越长,所占比例越高。因此要提高变换效率,就要充分利用输入电压,减小 0 状态的时间。

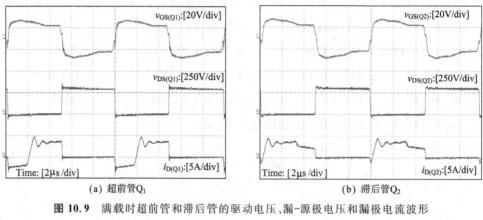

(a) 超前管Q₁　　　　　　　　　　　(b) 滞后管Q₂

图 10.9　满载时超前管和滞后管的驱动电压、漏-源极电压和漏极电流波形

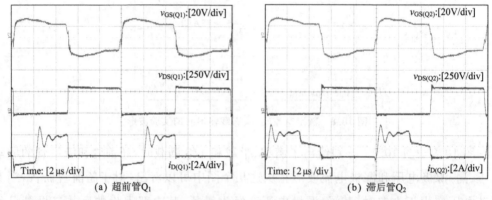

(a) 超前管Q₁　　　　　　　　　　　(b) 滞后管Q₂

图 10.10　半载时超前管和滞后管的驱动电压、漏-源极电压和漏极电流波形

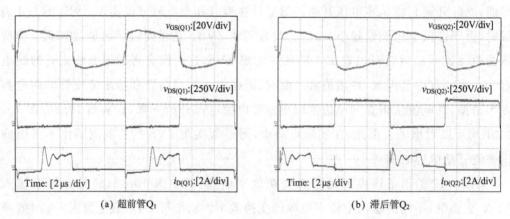

(a) 超前管Q₁　　　　　　　　　　　(b) 滞后管Q₂

图 10.11　1/3 满载时超前管和滞后管的驱动电压、漏-源极电压和漏极电流波形

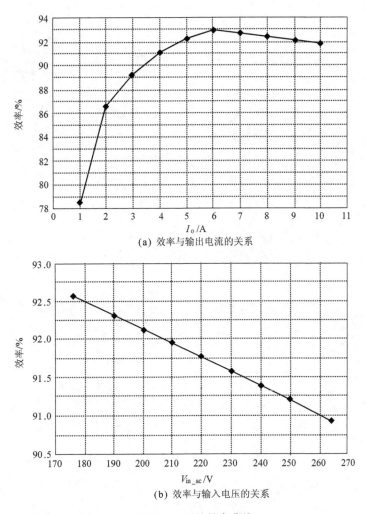

(a) 效率与输出电流的关系

(b) 效率与输入电压的关系

图 10.12 电源的效率曲线

本章小结

  本章采用基本的移相控制 ZVS PWM 全桥变换器,研制了一台输出 54V/10A 的开关电源。本章详细介绍了该电源的主电路参数设计,给出了详细的控制电路、保护电路和驱动电路,并进行了实验验证。实验结果表明,该变换器可以实现开关管的零电压开关,由此可以提高变换效率。而且,开关管工作在零电压条件下,大大提高了开关管的可靠性。

CDR ZVS PWM 全桥变换器工作在 DCM 时 $I_{\text{Lfmin\_DCM}}$、$I_{\text{Lfmax\_DCM}}$ 和 I_G 的推导

本附录用于推导 CDR ZVS PWM 全桥变换器工作在 DCM 时的输出滤波电感电流最大值 $I_{\text{Lfmax\_DCM}}$、最小值 $I_{\text{Lfmin\_DCM}}$ 和电流临界连续时的输出电流 I_G。

当负载电流较小时,两只输出滤波电感电流之和在 0 状态($v_{\text{AB}}=0$)时将减小到零,负载由输出滤波电容供电,这时 CDR ZVS PWM 全桥变换器工作在 DCM,其主要波形如图 A.1 所示。

在 $[t_0,\ t_2]$ 时段,两只滤波电感的电流表达式为

$$i_{\text{Lf1}}(t)=I_{\text{Lfmin\_DCM}}+\frac{\dfrac{V_{\text{in}}}{K}-V_{\text{o}}}{L_{\text{f}}}(t-t_0) \tag{A.1}$$

$$i_{\text{Lf2}}(t)=-I_{\text{Lfmin\_DCM}}-\frac{V_{\text{o}}}{L_{\text{f}}}(t-t_0) \tag{A.2}$$

请注意,这里的 $I_{\text{Lfmin\_DCM}}$ 是个负值。

根据式(A.1)和式(A.2)可知,在 t_2 时刻有

$$I_{\text{Lf1}}(t_2)+I_{\text{Lf2}}(t_2)=\frac{\dfrac{V_{\text{in}}}{K}-2V_{\text{o}}}{L_{\text{f}}}(t_2-t_0) \tag{A.3}$$

$$I_{\text{Lf1}}(t_2)=I_{\text{Lfmax\_DCM}}=I_{\text{Lfmin\_DCM}}+\frac{\dfrac{V_{\text{in}}}{K}-V_{\text{o}}}{L_{\text{f}}}(t_2-t_0) \tag{A.4}$$

式中,

$$t_2-t_0=D_{\text{y}}T_{\text{s}}/2 \tag{A.5}$$

在 $[t_2,\ t_3']$ 时段有

$$i_{\text{Lf1}}(t)=I_{\text{Lf1}}(t_2)-\frac{V_{\text{o}}}{L_{\text{f}}}(t-t_2) \tag{A.6}$$

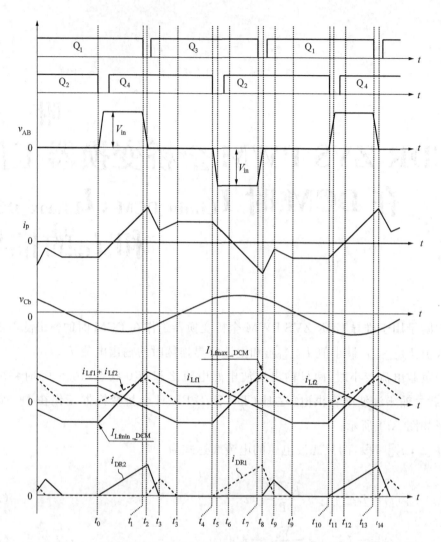

图 A.1　CDR ZVS PWM 全桥变换器工作在 DCM 时的主要波形

$$i_{\text{Lf2}}(t) = I_{\text{Lf2}}(t_2) - \frac{V_o}{L_f}(t - t_2) \tag{A.7}$$

$$i_{\text{Lf1}}(t) + i_{\text{Lf2}}(t) = I_{\text{Lf1}}(t_2) + I_{\text{Lf2}}(t_2) - \frac{2V_o}{L_f}(t - t_2) \tag{A.8}$$

在 t_3' 时刻，$i_{\text{Lf1}} = -I_{\text{Lfmin\_DCM}}$，$i_{\text{Lf2}} = I_{\text{Lfmin\_DCM}}$，$i_{\text{Lf1}} + i_{\text{Lf2}}$ 下降到零，那么由式（A.8）可得

$$t_3' - t_2 = \frac{L_f[I_{\text{Lf1}}(t_2) + I_{\text{Lf2}}(t_2)]}{2V_o} \tag{A.9}$$

将式（A.3）和式（A.5）代入式（A.9），可得

$$t_3' - t_2 = \frac{\left(\dfrac{V_{\text{in}}}{K} - 2V_o\right) \cdot D_y T_s}{4V_o} \tag{A.10}$$

由式（A.2）和式（A.7）可得，在 t_3' 时刻 i_{Lf2} 的大小为

$$I_{Lf2}(t'_3) = -I_{Lfmin\_DCM} - \frac{V_o}{L_f}[(t_2 - t_0) + (t'_3 - t_2)] = I_{Lfmin\_DCM} \tag{A.11}$$

由式(A.5)、式(A.10)和式(A.11)可得

$$I_{Lfmin\_DCM} = -\frac{V_{in} D_y T_s}{8KL_f} \tag{A.12}$$

将式(A.5)和式(A.12)代入式(A.4)可得

$$I_{Lfmax\_DCM} = \frac{3V_{in} - 4KV_o}{8KL_f} D_y T_s \tag{A.13}$$

输出电流等于两个输出滤波电感电流之和的平均值,即

$$I_o = \overline{i_{Lf1} + i_{Lf2}} = \frac{I_{Lf1}(t_2) + I_{Lf2}(t_2)}{2}[(t'_3 - t_2) + (t_2 - t_0)]/\frac{T_s}{2} \tag{A.14}$$

由式(A.3)、式(A.5)、式(A.10)和式(A.14)可以推出工作在 DCM 时 CDR 全桥变换器的占空比为

$$D_y = \sqrt{\frac{8V_o I_o L_f}{\left(\dfrac{V_{in}^2}{K^2} - \dfrac{2V_{in} V_o}{K}\right) T_s}} \tag{A.15}$$

将式(A.15)分别代入式(A.12)和式(A.13),得到

$$I_{Lfmin\_DCM} = -\sqrt{\frac{V_{in} V_o I_o T_s}{8L_f(V_{in} - 2KV_o)}} \tag{A.16}$$

$$I_{Lfmax\_DCM} = \left(3 - \frac{4KV_o}{V_{in}}\right)\sqrt{\frac{V_{in} V_o I_o T_s}{8L_f(V_{in} - 2KV_o)}} \tag{A.17}$$

如果 $t'_3 = t_4$,那么变换器工作在电流临界连续模式,则 $t'_3 - t_0 = T_s/2$,$K = D_y V_{in}/(2V_o)$,此时输出电流 I_G 可由式(A.3)、式(A.5)和式(A.14)推得为

$$I_G = \frac{V_o(V_{in} - 2KV_o) T_s}{2L_f V_{in}} \tag{A.18}$$

参 考 文 献

[1] Spiazzi G，Buso S，Citron M，Corradin M，Pierobon R. Performance evaluation of a Schottky SiC power diode in a boost PFC application. IEEE Transactions on Power Electronics, 2003, 18(6): 1249—1253.

[2] Zhang Q, Callanan R, Das M K, Ryu S H, Agarwal A K, Palmour J W. SiC power devices for microgrids. IEEE Transactions on Power Electronics, 2010, 25(12): 2889—2896.

[3] Oruganti R, Lee F C. Resonant power processors, Part I: State plane analysis. IEEE Transactions on Industry Applications, 1985, 21(6): 1453—1461.

[4] Oruganti R, Lee F C. State-plane analysis of parallel resonant converters. Proc. IEEE Power Electronics Specialists Conference (PESC), 1985: 56—73.

[5] Lee F C. High-frequency quasi-resonant and multi-resonant converter technologies. Proc. IEEE International Conference on Industrial Electronics (IECON), 1988: 509—521.

[6] Tabisz W A, Lee F C. Zero-voltage-switching multi-resonant technique—A novel approach to improve performance of high frequency quasi-resonant converters. Proc. IEEE Power Electronics Specialists Conference (PESC), 1988: 9—17.

[7] Hua G, Lee F C. A new class of zero-voltage-switched PWM converters. Proc. High Frequency Power Conversion Conference (HFPC), 1991: 244—251.

[8] Barbi I, Bolacell J C, Martins D C, Libano F B. Buck quasi-resonant converter operating at constant frequency: Analysis, design and experimention. IEEE Transactions on Power Electronics, 1990, 5 (3): 276—283.

[9] Hua G, Leu C S, Jiang Y M, Lee F C. Novel zero-voltage-transition PWM converters. Proc. IEEE Power Electronics Specialists Conference (PESC), 1992: 55—61.

[10] Hua G, Yang E X, Jiang Y M, Lee F C. Novel zero-current-transition PWM converters. Proc. IEEE Power Electronics Specialists Conference (PESC), 1993: 538—544.

[11] Divan D M. The resonant dc link inverter—A new concept in static power conversion. IEEE Transactions on Industry Applications, 1989, 25(2): 317—325.

[12] 丁道宏. 电力电子技术(修订版). 北京：航空工业出版社,1999.

[13] 阮新波. 移相控制零电压开关 PWM 变换器的研究. 博士学位论文. 南京：南京航空航天大学, 1996.

[14] Ruan Xinbo, Yan Yangguang. Soft-switching techniques for PWM dc/dc full-bridge converters. Proc. IEEE Power Electronics Specialists Conference (PESC), 2000: 634—639.

[15] Sable D M, Lee F C. The operation of a full-bridge, zero-voltage-switched PWM converter. Proc. Virginia Power Electronics Center Seminar, 1989: 92—97.

[16] Chen Q, Loft A W, Lee F C. Design trade-offs in 5-V output off-line zero-voltage, PWM converter. Proc. International Telecommunications Energy Conference (INTELEC), 1991: 616—623.

[17] Sabate J A, Vlatkovic V, Ridley R B, Lee F C, Cho B H. Design considerations for high-voltage, high power full-bridge zero-voltage-switched PWM converter. Proc. IEEE Applied Power Electronics Conference and Exposition (APEC), 1990: 275—284.

[18] Lofti A W, Sabate J A, Lee F C. Design optimization of the zero-voltage-switched PWM converter. Proc. Virginia Power Electronics Center Seminar, 1990: 30—37.

[19] Hua G C, Lee F C, Jovanovic M M. An improved zero-voltage-switched PWM converter using a saturable inductor. Proc. IEEE Power Electronics Specialists Conference (PESC), 1991: 189—194.

[20] 阮新波, 严仰光. 采用辅助谐振网络实现零电压开关的移相控制全桥变换器. 电工技术学报, 1998, 13(2): 47—52.

[21] Patterson O D, Divan D M. Pseudo-resonant full bridge dc/dc converter. Proc. IEEE Power Electronics Specialists Conference (PESC), 1987: 424—430.

[22] 徐明. PWM 软开关拓扑理论研究. 博士学位论文. 杭州: 浙江大学, 1997.

[23] Cho J G, Sabate J A, Lee F C. Novel full-bridge zero-voltage-transition PWM dc/dc converter for high power applications. Proc. IEEE Applied Power Electronics Conference and Exposition (APEC), 1994: 143—149.

[24] Hamada S, Nakaoka M. Analysis and design of a saturable reactor assisted soft-switching full-bridge dc-dc converter. IEEE Transactions on Power Electronics, 1994, 9(3): 309—317.

[25] Yang B, Duarte J L, Li W, Yin K, He X, Deng Y. Phase-shifted full bridge converter featuring ZVS over the full load range. Proc. IEEE International Conference on Industrial Electronics (IECON), 2010: 644—649.

[26] Borage M, Tiwari S, Kotaiah S. A passive auxiliary circuit achieves zero-voltage-switching in full-bridge converter over entire conversion range. IEEE Power Electronics Letters, 2005, 3(4): 141—143.

[27] Chen Z, Ji B, Ji F, Shi L. Analysis and design considerations of an improved ZVS full-bridge dc-dc converter. Proc. IEEE Applied Power Electronics Conference and Exposition (APEC), 2010: 1471—1476.

[28] Jang Y, Jovanovic M M. A new family of full-bridge ZVS converters. IEEE Transactions on Power Electronics, 2004, 19(3): 701—708.

[29] Jang Y, Jovanovic M M, Chang Y-M. A new ZVS-PWM full-bridge converter. IEEE Transactions on Power Electronics, 2003, 18(5): 1122—1129.

[30] Borage M, Tiwari S, Bhardwaj S, Kotaiah S. A full-bridge dc-dc converter with zero-voltage-switching over the entire conversion range. IEEE Transactions on Power Electronics, 2008, 23(4): 1743—1750.

[31] Jang Y, Jovanovic M M. A new PWM ZVS full-bridge converter. IEEE Transactions on Power Electronics, 2007, 22(3): 987—994.

[32] Ruan Xinbo, Yan Yangguang. A novel zero-voltage and zero-current-switching PWM full bridge converters using two diodes in series with the lagging leg. IEEE Transactions on Industrial Elec-

tronics，2001，48(4)：777—785.

[33] Cho J G，Sabate J A，Hua G C，Lee F C. Zero-voltage and zero-current-switching full-bridge PWM converter for high power applications. Proc. IEEE Power Electronics Specialists Conference (PESC)，1994：102—108.

[34] Cho J G，Rim G H，Lee F C. Zero voltage and zero current switching full bridge PWM converter with secondary active clamp. Proc. IEEE Power Electronics Specialists Conference (PESC)，1996：657—663.

[35] Cho J G，Back J W，Jeong C Y，Yoo D W，Lee H S，Rim G H. Novel zero-voltage and zero-current-switching (ZVZCS) full bridge PWM converter using a simple auxiliary circuit. Proc. IEEE Applied Power Electronics Conference and Exposition (APEC)，1998：834—839.

[36] Kim E S，Joe K Y，Kye M H，Kim Y H，Yoon B D. An improved ZVZCS PWM full-bridge dc/dc converter using energy recovery snubber. Proc. IEEE Applied Power Electronics Conference and Exposition (APEC)，1998：1014—1019.

[37] Cho J G，Baek J W，Yoo D W，Lee H S. Novel zero-voltage and zero-current-switching (ZVZCS) full bridge PWM converter using transformer auxiliary winding. Proc. IEEE Power Electronics Specialists Conference (PESC)，1997：227—232.

[38] Redl R，Sokal N O，Balogh L. A novel soft-switching full-bridge dc/dc converter：Analysis，design considerations and experimental results at 1. 5kW，100kHz. IEEE Transactions on Power Electronics，1991，6(3)：408—418.

[39] Redl R，Balogh L，Edwards D W. Switch transitions in the soft-switching full-bridge PWM phase-shift dc/dc converter：Analysis and improvements. Proc. International Telecommunications Energy Conference (INTELEC)，1993：350—357.

[40] Redl R，Balogh L，Edwards D W. Optimum ZVS full-bridge dc/dc converter with PWM phase-shifted control：Analysis，design considerations，and experimental results. Proc. IEEE Applied Power Electronics Conference and Exposition (APEC)，1994：159—165.

[41] Ruan Xinbo，Liu Fuxin. An improved ZVS PWM full-bridge converter with clamping diodes. Proc. IEEE Power Electronics Specialists Conference (PESC)，2004：1476—1481

[42] 刘福鑫. 高压直流电源系统中 DC/DC 变换器的研究. 硕士学位论文. 南京:南京航空航天大学，2004.

[43] Fisher R A，Ngo K D T. A 500kHz，250W dc-dc converter with multiple outputs controlled by phase-shifted PWM and magneticamplifiers. Proc. High Frequency Power Conversion Conference (HFPC)，1988：100—110.

[44] Mweece L H，Wright C A，Schlecht M F. A 1kW 500kHz front-end converter for a distributed power supply system. Proc. IEEE Applied Power Electronics Conference and Exposition (APEC)，1989：423—432.

[45] Sabate J A，Vlatkovic V，Ridley R B，Lee F C. High-voltage，high power，ZVS，full-bridge PWM converter employing an active snubber. Proc. Virginia Power Electronics Center Seminar，1991：125—130.

［46］Kim I D，Nho E C，Cho G H. Novel constant frequency PWM dc/dc converter with zero-voltage-switching for both primary switches and secondary rectifying diodes. IEEE Transactions on Industrial Electronics，1992，39(5)：444－452.

［47］Yin Lanlan，Chen Qianhong，Peng Bo，Wang Jian，Ruan Xinbo. Key issues of clamping diodes in DCM phase-shift full-bridge converter. Proc. IEEE Power Electronics Specialists Conference (PESC)，2007：1721－1725.

［48］陈武. 多变换器模块串并联组合系统研究. 博士学位论文. 南京：南京航空航天大学，2009.

［49］Chen Wu，Ruan Xinbo，Chen Qianhong，Ge Junji. Zero-voltage-switching PWM full-bridge converter employing auxiliary transformer to reset the clamping diode current. IEEE Transactions on Power Electronics，2010，25(5)：1149－1162.

［50］Chen Wu，Ruan Xinbo，Zhang Rongrong. A novel zero-voltage-switching PWM full bridge converter. IEEE Transactions on Power Electronics，2008，23(2)：793－801.

［51］Chen Qianhong，Yin Lanlan，Wang Jian，Peng Bo，Wong Siu-Chung，Ruan Xinbo，Chen Xin. Phase-shifted full-bridge PWM converter with clamping diodes and current transformer. Proc. IEEE Power Electronics Specialists Conference (PESC)，2008：2403－2409.

［52］Kutkut N H，Divan D M，Gascoigne R W. An improved full-bridge zero-voltage switching PWM converter using a two-inductor rectifier. IEEE Transactions on Industry Applications，1995，31(1)：119－126.

［53］Ruan Xinbo，Wang Jiangang. Calculation of the resonant capacitor of the improved current-doubler-rectifier ZVS PWM full-bridge converter. IEEE Transactions on Industrial Electronics，2004，51(2)：518－520.

［54］王建冈. 改进型倍流整流电路 ZVS PWM 全桥变换器的研究. 硕士学位论文. 南京：南京航空航天大学，2000.

［55］Erickson R W，Maksimovic D. Fundamentals of Power Electronics. 2nd Edition. Kluwer Academic Publishers，2001.

［56］Line input ac to dc conversion and input filter capacitor selection. Unitrode Power Supply Design Seminar Manual SEM-900，1993.

［57］Phase shift resonant converter UC3875/6/7/8. Product & Applications Hand Book 1995—1996，Unitrode Integrated Circuits Corporation.

［58］UC1726/UC2726/UC3726 –Isolated drive transmitter. Featured Products from Unitrode Integrated Circuits，1995：8－12.

［59］UC1727/UC2727/UC3727 –Isolated high side IGBT driver. Featured Products from Unitrode Integrated Circuits，1995：13－18.

［60］Pressman A I，Billings K，Morey T. Switching Power Supply Design. 2nd Edition. McGraw-Hill Professional，2009.